AI大模型技术丛书

数据处理与特征工程

DATA PROCESSING AND FEATURE ENGINEERING

吕阳　王凤仪　李进　著

化学工业出版社
·北京·

内容简介

《数据处理与特征工程》是一部系统阐述人工智能大模型核心技术的著作，聚焦于数据管理和特征工程在大模型构建与优化中的关键作用。本书全面覆盖从数据采集到模型优化的全流程，结合理论、技术实践与行业应用，剖析如何通过数据驱动赋能人工智能大模型，为构建高效的智能系统提供系统性解决方案。本书首先详述数据采集与清洗技术，包括多源数据集成及常见问题处理方法；接着解析数据转换技术，涵盖基础方法和量子计算等前沿方向。特征工程部分全面介绍文本、图像等多模态处理技术，并探讨创新实践，通过金融、医疗、工业等领域的应用案例，展示技术落地成效。最后展望隐私保护、自动化、量子计算等未来趋势，为读者提供前沿视野。

无论是对于人工智能领域的研究者、数据科学家，还是工程师，亦或是正在AI应用开发中寻找突破口的从业者，本书都将提供实用的知识、方法与启示。通过本书，读者将不仅能够深入理解AI大模型中的数据处理与特征工程，还能学会如何在实际项目中运用这些技术，实现模型性能的最大化和应用场景的多样化。

图书在版编目（CIP）数据

数据处理与特征工程 / 吕阳，王凤仪，李进著. 北京 : 化学工业出版社，2025. 10. --（AI大模型技术丛书）. -- ISBN 978-7-122-48834-3

Ⅰ. TP18

中国国家版本馆CIP数据核字第2025WY9401号

责任编辑：李佳伶　　文字编辑：刘建平
责任校对：刘曦阳　　装帧设计：王晓宇

出版发行：化学工业出版社
（北京市东城区青年湖南街13号　邮政编码100011）
印　　装：北京云浩印刷有限责任公司
710mm×1000mm　1/16　印张10¼　字数178千字
2026年1月北京第1版第1次印刷

购书咨询：010-64518888　　售后服务：010-64518899
网　　址：http：//www.cip.com.cn
凡购买本书，如有缺损质量问题，本社销售中心负责调换。

定　　价：69.00元

前言
PREFACE

在人工智能技术加速进化的浪潮中，大模型以其惊人的表现和跨领域的应用，正以前所未有的速度改变着我们的世界。从自动驾驶的精确导航，到医疗影像诊断的突破性进展，从语言翻译的自然流畅，到智能制造的效率提升，大模型技术已成为引领未来的核心力量。然而，这些技术成就的背后，并非仅仅依靠复杂的算法设计或庞大的计算资源，真正驱动大模型进步的核心，是数据——高质量、丰富且多样化的数据。

数据不仅是大模型学习的原料，更是提升模型性能的关键杠杆。它塑造了模型的认知能力，决定了其能否从混乱中发现规律，能否从海量信息中提取洞见。如果数据处理与特征工程这一决定性环节被低估甚至忽视，就会导致资源的浪费、模型性能的局限以及应用落地的困难。因此，如何高效地采集、清洗、转化数据，并构建出能充分表达问题特性的特征，成为每一个从事 AI 大模型开发者的核心命题。

本书立足于这一关键问题，致力于成为 AI 领域研究者和开发者的重要指引。通过系统梳理从数据采集到特征构造的完整流程，本书不仅详尽阐述了基础理论，还将理论应用于实际案例中，提供了丰富的实践指导。书中涵盖了多模态特征提取、深度学习驱动的特征工程，以及量子计算辅助的数据处理等新兴技术热点，为读者探索大模型技术的前沿领域提供了坚实的基础。同时，精选的金融、医疗、工业等领域案例，将理论与实践结合，让读者能够看到技术在真实场景中的价值体现。在结构设计上，本书从基础概念入手，层层深入，帮助读者从理解数据的重要性，到掌握复杂数据处理技术，再到探索前沿的特征工程创新。不论是希望快速上手数据处理的技术新人，还是寻求技术突破的资深开发者，本书都能提供从实践到思考的全方位支持。

在这个数据与智能深度融合的时代，数据不仅是燃料，更是点燃技术革命的火花。我们希望通过本书，帮助读者解锁数据驱动 AI 的真正潜力。无论读者是在实验室专注于研究，还是在产业中推动创新，本书都将是不可或缺的伙伴。让我们一起，拥抱数据的力量，见证人工智能创造未来的辉煌篇章。

著者

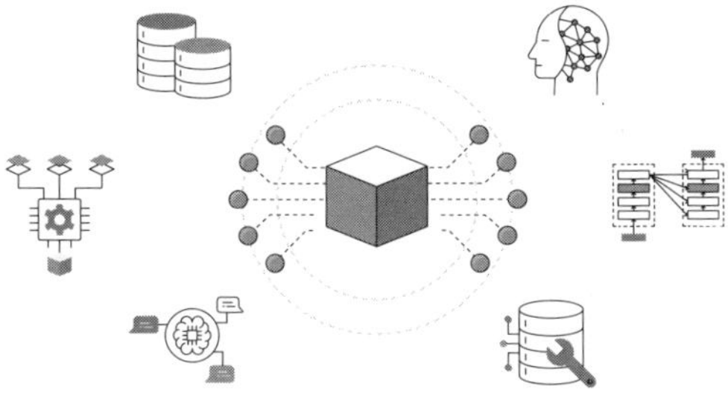

目录

CONTENTS

第 1 章 数据的重要性

1.1 数据在 AI 大模型中的核心作用

1.2 数据质量对模型性能的影响

1.3 大数据时代的数据挑战

1.4 新兴技术在数据处理中的应用

1.1 数据在 AI 大模型中的核心作用

1.1.1 大模型的数据驱动特性

大模型，即大规模语言模型，是一种由包含数百亿以上参数的深度神经网络构建的语言模型，其特征在于参数量大、数据量大、计算量大，是多重技术交叉融合的产物。现如今，大模型已经与多模态领域实现深度融合并协同发展，涵盖了文本、语音等多个方面。

大模型（如 GPT-4、PaLM）是基于深度神经网络的语言模型，其核心特征包括百亿级参数规模、海量训练数据和高计算需求。例如，OpenAI 的 ChatGPT 通过分析互联网文本数据（如书籍、网页、对话记录），学习语言模式和逻辑推理能力。

数据在 AI 大模型中的重要性不言而喻。大模型的成功与否，很大程度上取决于所使用的数据质量和数量，无论是在训练阶段还是在实际应用中，数据都扮演着至关重要的角色。高质量的数据不仅能够提供更丰富的信息，使模型能够学习到更加准确和细致的模式，还能够减少模型在处理过程中遇到的噪声和错误，从而提升模型的精度和可靠性。数据多维特性如图 1-1 所示。

模型的性能高度依赖数据的质量与多样性：

高质量数据：减少噪声干扰，提升模型预测精度（如医学文献中的精准术语）。

多样性数据：涵盖多语言、多领域内容（如金融报告、技术文档），增强模型泛化能力。

案例：谷歌的 BERT 模型基于 Transformer 编码器结构的预训练语言模型，核心特点是通过掩码语言建模和下句预测任务，实现对文本左右上下文的深度理解。它首次引入双向训练机制，使得模型在多个自然语言处理任务中表现出色，显著提升了问答、文本分类、命名、实体识别等任务的准确率，开创了 NLP（自然语言处理）领域“预训练 + 微调”范式的新时代。但是，BERT 的预训练效果高度依赖于其训练语料的覆盖范围与多样性。如果预训练数据仅限于某一特定领域（例如法律文本），模型所学习到的语言表示将更偏向于该领域的术语、句式结构和上下文模式，对其他领域（如医疗、日常对话）中的语义特征和语言风格缺乏适应能力。因此，直接将该BERT模型迁移到与原始语料差异较大的领域上，往往会导致性能下降。

图1-1 数据的特性

数据的多样性和覆盖面是影响模型表现的重要因素，广泛和多样的数据集可以帮助模型更好地泛化，适应不同的应用场景，避免过拟合。例如，涵盖不同语言、文化背景和领域的文本数据，可以使语言模型更具通用性和适应性，而数据的实时性和更新频率则决定了模型能否快速响应环境的变化，保持其预测和决策能力的优越性。

随着AI大模型的广泛应用，各行各业的数据需求也在不断增长。从互联网搜索引擎到自动驾驶汽车，从医疗诊断到金融市场预测，几乎所有依赖人工智能的应用都需要大量的数据来支持其算法的训练和优化。数据不仅是大模型的燃料，更是其创新和发展的源泉。高质量的数据可以驱动模型在各个领域实现突破性进展、提高效率、节省成本，并提供前所未有的洞察力和决策支持。因此，系统地收集、处理和利用数据，是构建高性能AI大模型的基础和关键。

理解和掌握数据在大模型中的作用，对于推动人工智能技术的前沿发展具有重要意义。数据的收集和管理是一个复杂而动态的过程，需要考虑数据隐私、安全性和伦理问题。同时，数据的质量控制、标注和预处理也是确保模型成功的关键环节，通过不断优化数据处理流程，采用先进的数据管理技术，我们可以最大限度地发挥大模型的潜力，推动人工智能应用的广泛普及和深入发展。

正因为数据在大模型中扮演如此重要的角色，我们有必要深入探讨大模型的数据驱动特性，以便更好地理解数据对模型性能的影响。下一节将详细讨论数据的多样性、预处理和清洗、标签和标注、实时数据应用以及数据隐私与安全等，帮助读者全面了解如何通过数据优化来提升 AI 大模型的性能和可靠性。

1.1.2　数据与模型精度的关系

（1）数据数量与模型精度

数据数量是影响模型精度的一个关键因素。一般而言，更多的数据可以提供更多的样本和特征，使模型能够更好地捕捉数据中的规律，从而提升模型的精度。然而，数据数量对模型精度的影响并非线性关系。

初期阶段：在模型训练的初期阶段，数据数量的增加通常会显著提升模型的精度，更多的数据样本可以帮助模型更好地学习特征，减少过拟合的风险。

饱和阶段：随着数据量的不断增加，模型精度会逐渐趋于平缓，达到一个饱和点，在这一阶段，进一步增加数据量对模型精度的提升效果有限。

边际效应：在数据饱和阶段之后，增加数据量可能会出现边际效应递减的现象，即数据量的增加对模型精度的提升不再明显，甚至会降低模型的精度。此时，应关注数据的质量和多样性，而非单纯增加数据量。

通常情况下，数据量越大，模型的训练效果越好。较大的数据量能够提供更多的信息和模式，从而提升模型的预测能力和泛化能力。例如，在图像识别、自然语言处理等领域，更多的数据可以帮助模型更好地理解和识别复杂的特征和关系，然而，数据量的增加也需要更多的计算资源和存储空间，这包括更强大的计算硬件（如图形处理单元 GPU、张量处理单元 TPU）、更高效的数据存储和管理系统以及更长的训练时间。

此外，处理大规模数据还可能面临一些挑战，例如数据质量、数据清洗和数据标注。因此，在处理数据时，需要在数据量和计算资源之间找到“平衡”，合理分配资源，以确保模型在可接受的时间内获得最佳的训练效果。这种“平衡”不仅涉及硬件资源，还包括优化算法、分布式计算和数据预处理技术等方面的考量，以有效地管理和利用大规模数据。

（2）数据质量与模型精度

高质量的数据可以显著提升模型的预测能力，而低质量的数据则可能导致模型产生误差和偏差。高质量的数据特征如图 1-2 所示。

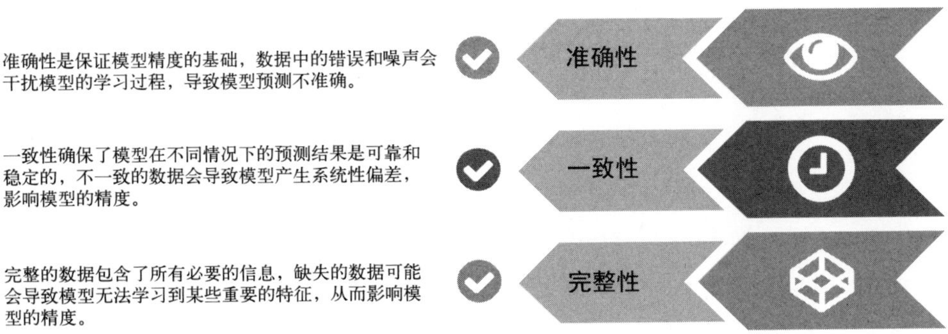

图 1-2　高质量的数据特征

（3）数据增强与模型精度

数据增强是一种通过生成新的训练样本来提升模型精度的方法，在不增加实际数据量的情况下，可以增加数据的多样性，使模型能够更好地适应不同的输入情况，增强模型的鲁棒性。

图像数据增强：在图像分类任务中，可以通过旋转、平移、缩放、裁剪、颜色变换等方法生成新的图像样本，从而提升模型的鲁棒性和精度。

文本数据增强：在自然语言处理任务中，可以通过同义词替换、随机插入、随机删除、随机交换等方法生成新的文本样本，从而提升模型的泛化能力。

时序数据增强：在时间序列预测任务中，可以通过时间窗口滑动、时间轴扩展、噪声添加等方法生成新的时序数据样本，从而提升模型的预测能力。

（4）特征选择与模型精度

特征选择是提高模型精度的重要步骤，通过选择合适的特征，可以减少数据的维度，从而提升训练效率和预测准确性。

特征重要性：评估每个特征对模型预测结果的重要性，选择那些对提高精度较有帮助的特征。常用的评估方法包括随机森林和 LASSO 回归（最小绝对收缩与选择算子回归，也称正则化回归）等。

特征工程：使用特征工程技术（如特征提取和组合）来创建新的特征，从而增强模型的预测能力。例如，在时间序列预测中，可以生成时间窗口特征来捕捉时间趋势和规律。

降维技术：运用降维技术（如主成分分析和线性判别分析）来减少特征数量，这样可以提高模型的训练速度和泛化能力，使其在新数据上表现更好。

（5）数据集成与模型精度

在一些复杂的应用场景中，可能需要集成来自不同来源的数据，数据集成技术可以提高数据的完整性和一致性，增强模型的预测能力。

常见的数据集成方法有：

数据联邦学习（data federated learning）：数据联邦学习是一种分布式机器学习方法，允许多个机构在不共享数据的情况下，共同训练一个全局模型。每个机构在本地训练模型，然后将模型参数上传到中央服务器进行聚合，最后再将更新后的全局模型分发回各个机构。这种方法可以保护数据隐私，适用于医疗、金融等需要高数据安全性的领域。

数据中介架构（data mediation architecture）：数据中介架构通过在数据源和数据使用者之间引入一个中介层，统一数据格式、标准和接口，实现不同数据源之间的无缝集成。中介层负责数据的抽取、转换和加载（ETL），确保数据的质量和一致性。例如，在智能城市系统中，中介层可以整合交通、环境、能源等各类数据，为决策支持系统提供综合信息。

数据仓库技术（data warehousing）：数据仓库是一种面向主题的、集成的、稳定的和时变的数据集合，用于支持管理决策。数据仓库通过定期从不同的操作系统中抽取数据，进行清洗和转换后，加载到仓库中，提供统一的数据视图。例如，在企业运营管理中，数据仓库可以整合销售、库存、财务等多个部门的数据，帮助管理层进行全面的分析和决策。

1.2 数据质量对模型性能的影响

1.2.1 数据噪声与模型偏差

数据噪声是指数据集中存在的随机误差或干扰，可能源自传感器误差、数据采集过程中的干扰、数据标注错误等。数据噪声会对模型的训练产生以下影响：

其一，在训练过程中，噪声会引入误差，降低模型预测准确性。可将模型比作学者，数据为学习素材，噪声数据过多，学者所学知识偏差变大，预测时易出错，在小样本数据集中此影响更甚。其二，噪声会使模型构建复杂结构以拟合数据，易导致过拟合，即模型在训练数据上表现良好，但对新测试数据泛化能力差。其三，噪声可致模型产生系统性偏差，如在图像分类任务中，标注错误会使模型难以准确学习分类特征。

为了减小数据噪声对模型性能的负面影响，可以采取以下措施：

① 数据清洗：类似为数据 “去污”，通过异常值去除、数据平滑等预处理技术实现。分析数据分布与特征，识别并剔除异常值，利用移动平均法等平滑数据，可减少随机波动，提升稳定性。

② 增强数据集：为模型提供丰富学习资料，借助数据增强技术，如对图像进行旋转、缩放、翻转等操作，增加样本数量与多样性，提升模型对噪声的抗性。

③ 使用鲁棒算法：选择对噪声不敏感的算法，如鲁棒回归算法，能稳健估计模型参数；L1 正则化可惩罚模型复杂性，防止过拟合，使模型更好捕捉数据本质特征。

1.2.2 数据完整性与一致性

数据完整性：在数据建模分析中，完整数据集如同一幅完整拼图，每块都承载着重要信息。若有缺失（如患者病例关键指标缺失或金融市场数据缺失），模型难以学习全部重要特征，影响预测准确性。

数据一致性：一致的数据类似协调的交响乐团，各数据源按统一标准演奏。不同传感器采集数据若未校验一致性，或不同渠道客户信息不一致，会使模型困惑，导致预测结果不稳定。

保障数据完整性和一致性的措施如下：

① 数据补全：通过插值、推断等方法填补缺失值，如平均值法、最邻近插值法、回归模型法，恢复数据完整性，供模型有效学习。

② 数据标准化：包括归一化、去偏处理和格式转换，使数据在同一尺度和格式下可比、准确且符合模型要求，提升模型学习效果和预测准确性。

③ 一致性校验：采用哈希校验、时间戳对比、数据版本控制等方法，确保数据准确可靠，及时发现并纠正不一致问题，为模型提供可靠数据基础。

此外，数据治理与管理至关重要，涵盖数据全生命周期，在采集时确保准确合规，存储时保障安全可访问，处理时注意质量，共享使用时建立合理机制。严格的数据质量控制流程和标准，能有效增强数据完整性和一致性，为模型提供高质量支撑，推动数据应用发展。

1.3 大数据时代的数据挑战

随着大数据时代的汹涌来袭，数据的产生、收集以及处理量呈现出爆炸式的指数级增长态势，这无疑为企业和研究机构带来了前所未有的机遇，但与此同时，也抛出了一系列亟待解决的严峻挑战。其中，如何巧妙地存储、科学地管理以及充分地利用这些海量数据，已然成为摆在我们面前的关键问题。接下来，我们将深入探讨大数据时代所面临的数据挑战，主要涵盖数据存储与管理以及数据隐私与安全这两大方面。

1.3.1 数据存储与管理

在大数据时代，数据存储与管理犹如逆水行舟，面临着诸多挑战。

① 数据规模庞大，传统存储系统难以招架。物联网设备、社交媒体等方面的数据剧增，企业和研究机构需处理海量结构化和非结构化数据。此时，分布式存储系统，如 Apache Hadoop（采用 Hadoop 分布式系统 HDFS）和 Apache Cassandra 等成为应对之策，通过分散存储和并行处理，应对数据快速增长带来的挑战。

② 大数据包含结构化数据（如数据库表格数据）和大量非结构化数据（如文本、图像、视频、传感器数据等），具有多样性。管理多样数据需灵活高效的存储方案，NoSQL 数据库（如 MongoDB、Couchbase）和新型存储技术（如 Apache Hadoop、Apache HBase）应运而生，可满足不同数据类型的存储和处理要求。

③ 快速高效的数据访问和检索至关重要。大规模数据存储需先进索引技术和高性能数据库系统，搜索引擎技术（如 Elasticsearch、Apache Solr）和高性能计算（HPC）技术可助力提升数据检索效率，实现快速定位信息。

④ 数据从生成到归档的全生命周期管理复杂。数据治理策略和工具（如数据目录、数据血缘分析工具）对确保数据有效性和可用性至关重要，还包括数据备

份与恢复、归档和删除策略的制定与执行，以上措施均可以优化管理。

1.3.2 数据隐私与安全

在当今时代，数据应用广泛，其隐私与安全问题愈发关键，成为大数据时代不容忽视的重大挑战。下面详述相关挑战与应对之策。

（1）数据隐私保护

数据隐私是用户高度关切的核心问题。在数据使用过程中，保护个人隐私颇具挑战性。

如何应对这些挑战呢？数据匿名化技术通过处理个人标识信息，降低隐私泄露风险，如处理含个人身份信息的数据集时，对关键标识特殊处理，保留数据有用特征的同时保护隐私；伪装技术利用算法对数据伪装，使攻击者难以识别真实信息，类似为数据披上“迷彩服”；差分隐私技术可以通过添加适量噪声，在不影响整体数据分析准确性的前提下，有效保护个体数据隐私，例如在大规模人口统计分析中应用该技术，既能保证总体趋势准确，又能防止个体数据被还原泄露。

（2）数据安全

数据安全涵盖存储、传输、访问等方面。数据安全的保障工具中，加密技术（如高级加密标准 AES、非对称加密算法 RSA）是基础关键手段，将数据转为密文存储和传输，确保只有授权用户凭密钥解密读取，保障数据保密性与完整性；访问控制机制（如基于角色的访问控制 RBAC、基于属性的访问控制 ABAC）依用户角色、属性限定访问权限，如同设关卡防止未经授权访问与数据滥用；安全协议（如传输层安全协议 TLS、安全套接层协议 SSL）为数据传输提供加密与认证保障，确保数据在网络中安全传输。

安全防护系统里，防火墙是抵御外部威胁的第一道防线，阻挡恶意网络访问，保护内部网络与数据；入侵检测系统（IDS）实时监测网络流量与系统活动，及时发现潜在入侵与异常；安全信息及事件管理（SIEM）系统则像“大脑”，集中分析安全事件，帮助企业了解安全态势并及时决策，共同保障数据安全。

（3）合规性要求

各国和地区对数据隐私与安全法规要求不断强化，如欧盟 GDPR、美国

CCPA 等。企业须严格遵守，确保数据处理全程合规。例如，企业要进行合规性审计，细致审查数据处理流程是否符合法规，同时开展风险评估，识别潜在合规风险并防范化解。此外，还须建立完善合规性管理体系，制定政策流程规范数据收集、存储、使用、共享等环节，如同制定 “操作指南”，避免违规受罚及声誉损失。

（4）数据泄露与攻击防范

数据泄露和网络攻击是重大威胁。最常见的数据泄露就是网络钓鱼，它通过欺诈邮件或消息诱使用户提供敏感信息；同时恶意软件（如病毒）可能感染系统，窃取或破坏数据，应安装杀毒与安全防护软件并定期更新扫描；DDoS 攻击（分布式拒绝服务攻击）用大量虚假请求使服务器瘫痪，企业须建立强大防火墙与入侵检测防御系统应对。

此外，对于敏感的系统或者数据存储，要实施严格安全策略，如设复杂密码并定期更换、限制外部设备接入等，建立监控机制实时监测数据访问使用，定期进行安全评估与渗透测试查找漏洞并修复，提高数据安全防护能力。

1.4　新兴技术在数据处理中的应用

随着时代的不断发展，新兴技术如雨后春笋般涌现，为大数据处理带来了全新的方法与强大的工具。接下来，我们将深入探讨云计算与分布式存储、边缘计算在数据处理中的应用，以及人工智能和机器学习技术在该领域所展现出的巨大潜力。

1.4.1　云计算与分布式存储

云计算和分布式存储技术在大数据处理中具有至关重要的意义。这些技术宛如强大的引擎，不仅能够高效地处理和存储海量数据，还能显著提升数据处理的效率与灵活性。

云计算可以提供弹性且可扩展的计算资源。它能够根据实际需求动态地调整计算能力，完美地满足大数据处理的各种需求，诸如 Amazon Web Services、Microsoft Azure 和 Google Cloud 等云服务提供商，所提供的计算资源可以按需使用，这大大降低了企业的基础设施成本。弹性计算的特性使得企业能够轻松应对数据处理需求的波动，避免了资源的浪费，例如，在电商促销活动期间，数据处理需求急剧增加，云计算可以迅速调配更多的计算资源，活动结束后又可以将资源释放，实现资源的高效利用。

分布式存储系统（如 HDFS、Amazon S3）如同一个巨大的数据宝库，能够存储和管理大规模的数据。它们通过将数据分散存储在多个节点上，实现了高可用性和高可靠性，即使某个节点出现故障，数据依然可以从其他节点中获取，确保了数据的安全性。同时，分布式存储系统还提供了高效的数据读写性能，为大规模数据处理提供了有力的支持，以 Hadoop 生态系统中的 HDFS 和 Amazon S3 对象存储为例，它们为数据存储提供了可靠且可扩展的解决方案，能够满足各种复杂的数据存储需求。

云计算平台还提供了多种强大的数据处理框架，如 Apache Spark、Apache Flink 等。这些框架就像是数据处理的超级工具，支持批处理和流处理两种模式，通过它们可以高效地处理和分析海量数据，从中提取出有价值的信息。例如，Apache Spark 的内存计算能力使其在处理大规模数据时速度飞快，而 Apache Flink 的低延迟流处理特性使其在实时数据分析中表现出色。无论是对历史数据的批量分析，还是对实时数据的快速处理，这些框架都能发挥出巨大的作用。

1.4.2 边缘计算与实时数据处理

边缘计算和实时数据处理技术在应对低延迟和实时分析需求方面具有独特的优势，它们就像是数据处理的“急先锋”，能够在瞬间做出反应。

边缘计算将数据处理能力下沉到数据生成的边缘设备上，这就好比在战场前沿建立了一个个小型的作战指挥部，它减少了数据传输的延迟和带宽消耗，提高了数据处理的效率。在物联网（IoT）场景中，边缘计算可以实现本地数据处理和实时响应，极大地提高了系统的效率和可靠性，边缘计算节点可以执行数据预处理、过滤和初步分析等任务，将处理后的数据发送到云端进行深度分析。例如，在智能制造中，边缘计算可以实时监控设备状态，一旦发现异常情况，能够立即进行处理，避免设备故障带来损失。

实时数据处理技术则像是一个敏锐的观察者，能够在数据生成的同时进行分析和处理，为决策提供即时的支持。Apache Kafka、Apache Storm 和 Apache Flink 等流处理框架就像是数据处理的“高速列车”，可以实现低延迟、高吞吐量的数据处理，它们适用于实时监控、金融交易和智能交通等对时间要求极为严格的应用场景，实时数据处理系统能够快速响应突发事件和异常情况，为决策者提供实时的分析结果和决策支持。例如，在金融交易中，实时数据处理技术可以迅速分析市场行情，帮助投资者做出及时的交易决策。

结合云计算和边缘计算的混合架构是一个能够实现更高效的数据处理的完美组合。在这种架构中，边缘设备负责本地数据处理和初步分析，云平台负责集中数据存储和深度分析，充分发挥各自的优势。例如，在智能城市建设中，边缘计算可以在本地处理交通数据，优化交通信号，提高交通效率；而云平台则可以进行整体交通模式分析和预测，为城市交通规划提供科学依据。

1.4.3 人工智能和机器学习在数据处理中的应用

此外，人工智能 (AI) 和机器学习技术的应用在数据处理领域也展现出了巨大的潜力。它们就像是智慧的精灵，通过自动化的数据处理流程和智能分析工具，进一步提升了数据处理的效率和准确性。如图 1-3 所示。

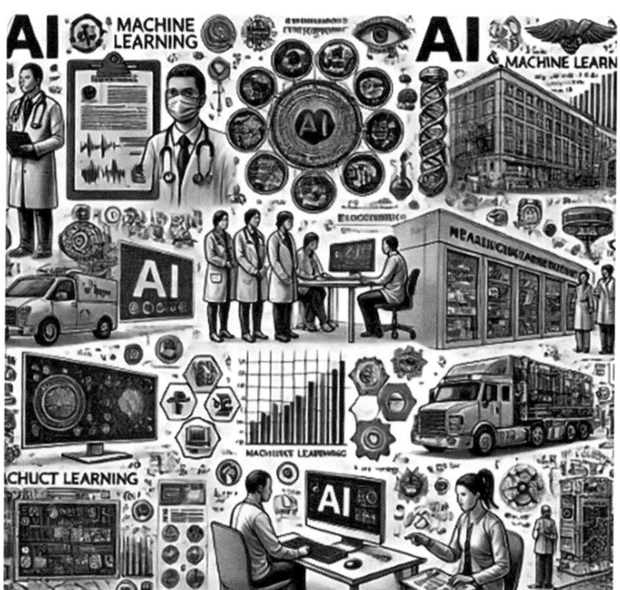

图 1-3 AI 在数据处理中的应用

医疗领域的“智能助手”：在医疗诊断中，人工智能可以快速分析大量的医学影像和患者数据，为医生提供有价值的参考信息，辅助医生进行准确的诊断和治疗方案的制定，从而提高医疗服务的质量和效率。

电商“导购员”：在电商行业，机器学习算法可以实时分析用户行为数据，根据用户的喜好和需求，为用户推荐最适合的商品，提升用户体验和销售转化率。

金融领域“守护者”：在金融领域，人工智能可以自动处理和分析交易数据，检测异常交易行为，防范金融风险。

制造业“工程师”：在制造业中，机器学习技术可以优化生产流程，预测设备维护需求，减少停机时间和维护成本，安排维护计划，提高生产效率。

总之，大数据时代的数据挑战和新兴技术的应用是数据处理领域的重要研究方向。通过采用先进的存储与管理技术、保障数据隐私与安全，以及应用云计算和边缘计算等新兴技术，可以有效应对大数据处理的复杂性，提升数据处理的效率和准确性，为各行各业带来更大的价值。就像在数据的海洋中，这些新兴技术如同明亮的灯塔，为我们指引着前进的方向，让我们能够更好地利用数据创造更美好的未来。

第 2 章　数据采集与清洗

2.1　数据采集的方法

2.2　数据清洗的技术

在当今数据驱动的世界中，数据的质量和处理方式直接决定了分析和决策的效果。尤其是在人工智能、大数据分析等领域，数据的获取和清洗过程至关重要。

本章将深入探讨各种数据采集的方法，解析如何从不同来源获取高质量数据，并对数据清洗的技术进行详细阐述，确保数据的准确性、一致性和可用性。

2.1 数据采集的方法

数据采集是数据处理的起点，也是决定数据质量的关键环节。

2.1.1 网络爬虫与数据抓取

网络爬虫是一种自动化程序，用于从互联网上抓取大量数据，这种方法在从网页、社交媒体、新闻平台等获取数据时尤为常见。网络爬虫的实现涉及多个关键步骤，包括识别目标数据源、发送 HTTP（超文本传送协议）请求、解析响应内容、将数据存储为结构化格式。

在使用网络爬虫时，需要解决多个技术难题，例如处理异构数据源、规避网站的反爬虫机制以及应对数据的动态加载等问题。此外，还需要考虑到法律和道德层面的问题，如遵守网站的使用条款、避免侵犯用户隐私等。

如何处理抓取到的数据呢？处理方式主要包括数据去重、格式化以及存储为合适的格式，如 JSON、CSV 等。

（1）数据去重

哈希算法：将每条数据通过哈希函数转换为一个哈希值，然后对比这些哈希值，如果有相同的哈希值，说明数据是重复的，可以删除重复项。常用的哈希算法包括 MD5、SHA-256 等。

内容比对：直接对比数据的内容是否相同。对于文本数据，可以使用字符串匹配算法（如 Levenshtein 距离）来判断两个文本的相似度，进而确定是否为重复数据。

数据库索引：在存储数据时，为关键字段（如 ID、URL）建立唯一索引，在插入数据时自动检查是否已存在相同的记录，避免重复插入。

基于规则的去重：为数据定义规则，如同一来源的文章标题和发布时间相同则认为是重复数据。这种方法需要根据实际数据和业务需求自定义规则。

（2）数据格式化

字段提取与映射：从爬取的原始数据中提取所需的字段，并将这些字段映射到预定义的结构中。例如，网页爬取的结果可能包含多个 HTML 元素，格式化时需要提取特定的文本内容并将其存储为特定字段。

数据类型转换：这一步对于确保数据的准确性和一致性非常重要。将提取的字段数据转换为适当的数据类型。例如，将字符串表示的数字转换为整数或浮点数，将日期字符串转换为日期对象等。

日期格式标准化：日期格式往往在不同的数据源中各不相同，在格式化过程中，需要将日期统一为一种标准格式（如 ISO 8601 格式 YYYY-MM-DD），以便后续的时间序列分析。

处理缺失值：在格式化的过程中，还需处理缺失数据，例如用默认值替代、标记为缺失或直接删除缺失的记录。

常见存储格式如下：

JSON：JSON 是一种轻量级的数据交换格式，易于阅读和编写，特别适合存储结构化和嵌套数据，其广泛用于 Web API 的数据传输中，兼容性强。应用场景：适合存储复杂的、层次化的数据结构，如网页内容、API 返回的数据等。在 Python 中，json.dumps( ) 和 json.loads( ) 两个函数分别用于将 Python 对象序列化为 JSON 字符串，以及将 JSON 字符串反序列化为 Python 对象，适合在内存中处理 JSON 数据；若需要读写 .json 文件，可使用 json.dump( ) 和 json.load( ) 函数。

CSV：CSV 是最常用的表格数据存储格式，简单易用，几乎所有的分析工具和数据库都支持 CSV 格式，适用于存储结构化的二维表格数据，如统计数据、用户列表等。pandas 库的 to_csv( ) 函数可以将 DataFrame 对象直接保存为 CSV 文件。

数据库：数据库存储具有高效的查询和数据管理能力，适合大规模数据和需要频繁查询的数据集，支持索引、事务处理和并发控制，数据安全性和一致性更好。主要应用于长时间保存数据、支持复杂查询操作的场景。在 Python 中，开发者常使用 SQLAlchemy 的数据库抽象框架（ORM），配合具体的数据库驱动程序（如连接 MySQL 的 PyMySQL、连接 PostgreSQL 的 psycopg2）来与关系型数据库进行交互。SQLAlchemy 提供统一的数据库操作接口，支持多种数据库系统。与非关系型数据库（如 MongoDB）通信，则可使用 PyMongo 这一专门的驱动库。

2.1.2 数据库与数据集的利用

数据库和公开数据集是获取结构化和半结构化数据的重要途径。关系型数据库（如 MySQL、PostgreSQL）适合存储高度结构化的业务数据，常用于商业分析和决策支持，NoSQL 数据库（如 MongoDB、Cassandra）则适用于灵活的数据模型和大规模数据存储。

在使用数据库时，掌握复杂查询的优化技术（如索引、视图）是提升数据查询效率的关键。例如，索引可以加速数据检索，视图可以简化复杂查询，对于大规模数据库，了解分布式数据库技术（如 Google Spanner 和 Amazon Aurora）也很重要，因为它们能有效应对高并发和大数据量的挑战，确保系统的稳定性和快速响应。

一些知名的数据平台提供了丰富的公开数据集，这些数据集广泛用于机器学习模型的训练、测试和研究，例如 Kaggle 和 UCI Machine Learning Repository，其他数据平台还有 Google Dataset Search、AWS Public Datasets、阿里云数据市场等。

2.1.3 传感器与实时数据采集

物联网（IoT）技术已经渗透到各行各业，推动了智能化、自动化的发展。在物联网系统中，数据采集是关键环节，可通过传感器实时捕捉物理世界的信息，并将这些数据通过网络协议传输到中央服务器或云端进行分析。这些数据在实时监控、智能家居、工业自动化等领域具有广泛的应用。

传感器数据的采集过程通常涉及数据的获取、传输、存储和初步处理。在传感器数据采集过程中，常常需要应对数据延迟、丢失以及传感器故障等问题，为确保数据的可靠性和实时性，可以使用边缘计算技术在本地进行数据处理和过滤。此外，传感器融合技术可以将来自多个传感器的数据进行整合，提高数据的准确性和鲁棒性。

下面将介绍使用物联网进行数据采集的具体实现场景，包括使用 MQTT 和 CoAP 等协议进行数据传输、利用 SCADA 系统远程监控工业传感器，以及在边缘设备上进行实时数据分析和处理。

（1）数据传输协议：MQTT 与 CoAP

MQTT（message queuing telemetry transport，消息队列遥测传输协议）是一种轻量级的消息传输协议，专为低带宽、不可靠网络环境设计，广泛应用于物联网设备的通信。它基于发布 / 订阅（publish/subscribe）模型，允许设备（称为“客户端”）将消息发布到某个主题（topic），并让其他订阅该主题的客户端接收消息。

MQTT 的特点：

轻量级：MQTT 的报文头非常小，适用于资源受限的设备和带宽有限的网络。

高效性：采用发布 / 订阅模型，能够实现多对多通信，消息通过 MQTT 代理（broker）进行分发。

质量服务（QoS）：MQTT 提供了三个 QoS 等级，分别保证消息至少一次、至多一次或正好一次被传输。

MQTT 的使用场景：

智能家居：MQTT 常用于智能家居系统中，如灯光控制、温度监控等。例如，温度传感器可以通过 MQTT 协议将数据发送到家庭中央控制系统，系统根据温度数据调节空调设备。

工业物联网：在工业环境中，MQTT 可以用于实时监控生产线设备的状态，将数据传输到中央控制系统，帮助决策者实时掌握生产状况。

MQTT 的使用场景如图 2-1 所示。

CoAP（constrained application protocol，受限应用协议）是一种专为受限设备设计的应用层协议，类似于 HTTP，但更轻量化，适用于物联网环境。它基于 REST 模型，使用简单的 GET、POST、PUT 和 DELETE 方法进行通信，数据可以 JSON 或 XML 格式传输。

CoAP 的特点：

资源效率高：CoAP 协议设计为适合资源受限的设备和网络，消息格式简单，节省带宽和能耗。

异步通信：CoAP 支持异步通信模式，设备可以在合适的时间发送请求或响应。

可扩展性：CoAP 支持资源发现、组通信和可选的可靠传输机制。

CoAP 的使用场景：

智能城市：在智能城市应用中，CoAP 可以用于路灯控制、交通监控等场景。

传感器通过 CoAP 协议将数据传输到中央管理系统，实时调整城市基础设施的运行状态。

图 2-1 MQTT 的使用场景

农业物联网：CoAP 可以用于农田监控，传感器采集土壤湿度、温度等数据，并通过 CoAP 协议将数据传输到管理平台，帮助农民实时掌握农田状况，如图 2-2 所示。

图 2-2 使用 CoAP 的农业物联网示意图

（2）SCADA 系统中的远程监控

SCADA（supervisory control and data acquisition，监控与数据采集系统）系统是用于工业控制的核心技术，广泛应用于电力、石油、化工、制造等行业。SCADA 系统通过远程终端单元（RTU）或可编程逻辑控制器（PLC）采集现场数据，监控工业设备的运行状态，并通过中央控制室进行实时控制和数据分析。

① SCADA 的特点：

实时监控与控制：SCADA 系统能够实时监控现场设备的状态，并通过控制指令进行远程控制，确保生产过程的安全和高效。

数据采集与分析：SCADA 系统不仅采集传感器和设备的数据，还能对数据进行实时分析，生成报警和报告，辅助决策。

高可靠性与可扩展性：SCADA 系统设计为高可靠性，适应工业环境的苛刻要求，并能够扩展以适应不同规模的工业系统。

② SCADA 的使用场景：

电力系统监控：SCADA 系统用于电力系统中，实时监控电网的电压、电流、频率等参数，保障电网的稳定运行。当检测到异常时，系统可以自动生成报警并采取相应措施。

石油、天然气管道监控：在石油和天然气行业，SCADA 系统用于监控管道的压力、流量等参数，确保管道的安全运行。通过 SCADA 系统，操作员可以在远程控制中心监控和控制分布广泛的管道设施。

SCADA 系统的使用场景如图 2-3 所示。

图 2-3 SCADA 系统的使用场景

(3) 边缘计算中的实时数据处理

随着物联网设备数量的激增和数据量的爆炸式增长，将所有数据传输到云端处理已经不再现实。边缘计算（edge computing）通过在靠近数据源的边缘设备上进行计算和存储，减少了数据传输延迟，提升了实时响应能力。

① 边缘计算的特点：

低延迟：边缘计算减少了数据从设备到云端的传输时间，提供更快的响应速度，适用于实时性要求高的应用场景。

分布式处理：边缘设备承担部分计算任务，减轻了中央服务器的负担，提高了系统的整体效率。

数据隐私与安全：边缘计算允许数据在本地处理和存储，减少了敏感数据上传到云端的风险，增强了数据隐私保护。

② 边缘计算的使用场景：

智能制造：在智能工厂中，边缘计算用于实时监控和控制生产设备，如机器人、传送带等。传感器数据在边缘设备上处理，可确保生产过程中的高精度和低延迟。

自动驾驶：自动驾驶汽车依赖大量传感器数据，如激光雷达、摄像头等。边缘计算使车辆能够实时处理这些数据，做出瞬时驾驶决策，保证行车安全。

边缘计算的使用场景如图 2-4 所示。

图 2-4 边缘计算的使用场景

2.2 数据清洗的技术

数据清洗是数据处理过程中的关键步骤。通过识别并修正数据中的错误和不一致性，数据清洗能显著提升数据的质量，使其适合后续的分析和建模。

2.2.1 缺失值处理

缺失值是数据集中经常遇到的问题。处理缺失值的常用方法包括删除含有缺失值的记录，用均值、中位数、众数填补，或通过插值法和机器学习算法预测缺失值。

在实际应用中，选择合适的缺失值处理方法至关重要。例如，当缺失值较少时，删除含有缺失值的记录可能是简单且有效的方案；当缺失值较多时，可以使用插值法或基于机器学习的填补方法，以最大限度地保留数据的完整性。选择合适的缺失值填补方法可以显著提高模型的准确性和鲁棒性。

（1）K 最近邻（KNN）填补

KNN 填补是一种基于距离的填补方法。该方法通过计算缺失值样本与其他样本之间的距离，从最接近的 *K* 个邻居中选取最常见的值（用于分类变量）或均值（用于连续变量）作为填补值。KNN 的优缺点如表 2-1 所示。

表 2-1 KNN 的优缺点

优点	非参数性	KNN 填补不依赖于数据的分布假设，适用于各种类型的数据
	可以利用相似性	该方法能够利用数据之间的相似性来填补缺失值，因此在数据具有强相似性的场景中效果较好
	适用于多种数据类型	KNN 填补可以处理数值型和分类型数据，对于混合类型的数据也能有效应用
缺点	计算复杂度高	KNN 填补需要计算每个缺失值样本与其他样本的距离，特别是当数据集很大时，计算成本较高
	对异常值敏感	KNN 方法容易受异常值的影响，如果邻居中存在异常值，填补结果可能偏差较大
	维度“诅咒”	在高维数据中，计算样本之间的距离可能会受到维度的影响，导致填补效果不佳

（2）朴素贝叶斯填补

朴素贝叶斯填补方法利用贝叶斯定理进行缺失值的估计。该方法基于条件独立性假设，使用已知特征的概率分布来预测缺失特征的可能值。朴素贝叶斯填补方法的优缺点如表 2-2 所示。

表 2-2　朴素贝叶斯的优缺点

优点	效率高	朴素贝叶斯填补的计算复杂度较低，适合处理大规模数据集
	能够处理分类变量	朴素贝叶斯填补特别适用于分类变量的缺失值处理，可以根据已有的分类信息进行填补
	稳健性强	该方法对少量异常值或噪声数据具有较强的鲁棒性，因为它是基于概率模型的推断
缺点	独立性假设	朴素贝叶斯方法假设特征之间是条件独立的，这在实际数据中往往不成立，可能导致填补结果不准确
	对分布依赖性强	该方法依赖于数据的分布模型，如果数据的真实分布与假设模型差距较大，填补效果可能不佳
	不适用于连续变量	朴素贝叶斯填补处理连续变量时不够理想，通常需要将连续变量离散化才能使用

（3）多重插补

多重插补是一种复杂的填补方法，通过生成多个包含缺失值的完整数据集，并对每个数据集进行分析，最后综合这些分析结果来估计缺失值。其核心思想是多次模拟缺失值的填补，并在多次插补的基础上，估计最终的填补结果。多重插补的优缺点如表 2-3 所示。

表 2-3　多重插补的优缺点

优点	统计稳健性	多重插补方法能够有效地处理缺失数据，避免了单次插补带来的偏差问题，并且能够正确反映数据的不确定性
	适应性强	该方法不依赖于数据的分布假设，适用于各种类型的数据（包括连续和分类数据）
	处理数据偏差	多重插补可以减少因忽略缺失数据而产生的偏差，使最终的分析结果更加可靠
缺点	计算复杂	多重插补涉及多次模拟和分析，计算过程复杂且耗时，特别是在大规模数据集上应用时，可能需要较长的计算时间
	结果不易解释	由于多重插补生成多个数据集并结合结果进行推断，最终填补结果的解释性可能较差，特别是对于非专业人士而言
	实施难度高	多重插补的实现较为复杂，通常需要专门的软件工具和统计知识，且需要对插补后的数据集进行进一步的汇总和分析

这三种方法各具特色，可以根据具体需求和数据特征进行选择，其适用场景如表 2-4 所示。

表 2-4　不同方法的适用场景

处理方法	适用场景		
K 最近邻（KNN）填补	小规模数据集：KNN 填补适用于数据规模较小或特征维度不高的场景	适用于数值型和混合类型数据，特别是具有局部相似性的特征（如地理位置相近的房屋价格数据）	缺失值比例较低时效果较好，因为大量缺失会增加计算复杂度并降低准确性
朴素贝叶斯填补	大规模分类数据集：特别是在特征之间的独立性假设较为合理时（如文本分类任务中的词频特征），但需要考虑特征独立性的合理性	特征独立性强的数据：适合分类型数据，尤其是在特征独立性假设较为合理的场景中	缺失值比例适中时效果较佳
多重插补	精确分析的小规模到中等规模的数据集，虽然计算复杂，但在资源允许的情况下，是一种较为稳健的选择	适用于数据集中的缺失值比例较高且需要最大限度确保数据完整性的情况	多重插补在缺失比例较高的情况下仍能提供较好的填补结果

2.2.2　噪声与异常值检测

噪声与异常值的存在会对模型的训练造成干扰，导致模型性能下降。常见的噪声与异常值检测方法包括基于统计学的检测（如标准差、Z-Score）、基于机器学习的检测（如孤立森林、局部异常因子）等，处理噪声和异常值的方法可以是简单的删除，也可以是利用数据变换技术来减小其影响。

在实际数据处理中，噪声和异常值往往难以完全消除，但可以通过适当的检测和处理方法将其影响降至最低。对于高维数据，降维技术（如主成分分析 PCA、七分布随机邻域嵌入 t-SNE）可以帮助识别异常值，深度学习中的自编码器（Autoencoder）则提供了更为先进的异常检测手段。

异常值是指在数据集中明显偏离大多数数据点的样本。异常值的存在可能是由于数据采集错误、罕见的事件等，根据异常值的特征，通常可以将异常值分为单一变量异常、集体异常和背景异常。

（1）单一变量异常

单一变量异常是指在单个特征（变量）上表现异常的样本。例如，在一个包含收入数据的特征中，如果大部分样本的收入在 2 万到 10 万元之间，而一个样本的收入是 100 万元，则这个样本在该特征上可能是异常的。

① **识别方法：**使用统计学方法可以有效地识别单一变量异常。常用方法包括 Z-Score 和 IQR（interquartile range，四分位距），如表 2-5 所示。

表 2-5　单一变量异常的识别方法

方法	解释
Z-Score	Z-Score 表示一个数据点与均值的偏差，通常以标准差衡量。如果 Z-Score 的绝对值超过某个阈值（如 3），则该数据点可能是异常值
IQR	IQR 基于四分位数来识别异常值。通常，超过 1.5 倍 IQR 范围（即低于 Q1-1.5IQR 或高于 Q3+1.5IQR）的数据点被视为异常值

② 处理方法

删除异常值：如果异常值是由错误数据或极端情况引起的，可以选择删除这些数据点。需要注意的是，删除异常值可能会导致信息丢失，特别是当异常值具有重要意义时。

数据变换：通过对数据进行变换（如对数变换、Box-Cox 变换），可以减少异常值的影响，使数据更符合正态分布，从而提高模型的稳健性。

重新编码：如果异常值确实反映了罕见但真实的现象，可以考虑将其作为一个单独的类别或变量进行处理。

（2）集体异常

集体异常是指当考虑多个特征（变量）时，某些数据点在这些特征的组合上表现异常。这种异常在单个特征上可能不明显，但在多维空间中可以被识别。例如，一个人年龄 20 岁但拥有 10 年的工作经验，这在年龄和工作经验两个特征的组合上是异常的。

① **识别方法：基于距离的方法。**在多维空间中，集体异常可以通过计算样本之间的距离来识别。例如，马氏距离（mahalanobis distance）可以用于检测多维空间中的异常值。具体对比如表 2-6 所示。

② **处理方法：**

基于距离的加权处理：在构建模型时，可以对集体异常值赋予较低的权重，减少它们对模型的影响。这样处理后的模型可以更好地适应大多数数据，同时不完全忽略异常情况。

表 2-6　马氏距离与 PCA 的对比

方法	解释
马氏距离	马氏距离考虑了特征之间的相关性，是用于检测集体异常的常用方法。计算出的马氏距离如果超出某个阈值（通常是对应于卡方分布的临界值），则该样本可能是集体异常值
PCA	通过 PCA 将数据投影到低维空间中，可以识别出在这些投影上表现异常的数据点。PCA 能够有效减少数据的维度，并在主成分空间中揭示集体异常

聚类分析：通过聚类方法（如 K 均值聚类 K-means 或基于密度的聚类算法 DBSCAN），可以将数据划分为多个簇，集体异常值通常会位于聚类的边界甚至被孤立为单独的簇。识别出这些簇后，可以进行进一步的分析或处理。

（3）背景异常

背景异常也称为情境异常，是指在特定上下文或背景下表现异常的样本。这种异常通常是相对于时间、空间或其他背景变量而言的，例如，某城市的日均温度通常在 20 ～ 30℃之间，但如果某一天突然达到 40℃，则可以认为在这个时间背景下，这一温度是异常的。

① 识别方法：时间序列分析。在时间序列数据中，背景异常通常通过时间序列模型（如自回归差分移动平均模型 ARIMA、长短期记忆网络 LSTM）或滑动窗口技术来识别。当某个数据点的值超出模型预测的范围时，可以被视为异常值。时间序列分析法的具体解释如表 2-7 所示。

表 2-7　时间序列分析法

方法	解释
滑动窗口检测	通过在时间序列数据上应用滑动窗口，可以捕捉短期内的异常行为。例如，当某一时段的温度或交易量突然大幅波动，而其前后数据表现平稳，则可以认为此段时间存在背景异常
地理空间分析	在地理数据中，背景异常可以通过空间自相关性分析或空间聚类来检测。例如，如果一个区域的犯罪率长期较低，而某月突然增加，则可以认为这个区域的数据在该月存在背景异常

② 处理方法：

情境化处理：对于背景异常，最重要的是理解其背景上下文。可以基于历史数据和背景知识，重新评估异常值的合理性。如果异常值反映了罕见但合理的事件，可以保留并进一步分析。

上下文模型调整：通过调整模型参数或增加背景信息，可以更准确地预测背景异常。例如，在处理季节性数据时，可以增加季节性因素，以便更好地识别季节性背景异常。

2.2.3 数据一致性与重复值处理

数据一致性问题在多源数据集的整合过程中尤为常见，确保数据的一致性要求处理重复值、统一数据格式、修正错误的数据记录等。数据重复的处理方法包括基于键值的去重、基于规则的去重以及基于聚类的去重。

在数据集成过程中，来自不同数据源的数据往往具有不同的结构和语义，这使得数据集成的工作变得复杂。为了在集成过程中保持数据的语义一致性，需要使用数据对齐技术，如本体对齐和模式匹配。

（1）本体对齐

本体对齐是指在两个或多个本体（ontology）之间建立语义关系的过程。本体是一种用于表达领域知识的结构化框架，它通过定义概念及其相互关系来描述某一领域中的知识，本体对齐的目标是在不同本体之间找到概念、属性和关系的对应，从而实现跨数据源的语义统一。

① 应用场景

跨组织数据集成：当不同组织（如医院、科研机构）共享和集成数据时，这些数据可能基于不同的本体模型，本体对齐可以帮助识别并映射这些数据中的同义概念，确保集成后的数据在语义上保持一致。例如，在医疗领域，不同医院可能使用不同的本体来描述疾病、治疗方法和患者信息，通过本体对齐，可以将这些异构数据统一在一个共享的语义框架下。

语义网与知识图谱构建：在构建语义网或知识图谱时，需要集成来自不同领域和源头的数据。本体对齐可以用于统一这些领域的知识结构，使得知识图谱中的信息互连互通，提供更加准确和丰富的语义查询结果。

② 技术方法

基于词汇的对齐：这种方法通过比较概念的名称、定义和标签来识别可能的对齐关系。例如，使用词汇相似度（如编辑距离、Jaccard 相似度）来匹配不同本体中的概念。

基于结构的对齐：考虑概念在本体中的上下文和结构（如层次关系、父子关系）进行对齐。例如，如果两个本体中的概念在结构上具有相似的上下文关系，那么它们可能是语义一致的。

基于语义的对齐：使用外部知识库（如 WordNet）或机器学习技术来理解概念的语义，并根据语义相似性进行对齐。

（2）模式匹配

模式匹配是指在数据集成过程中，识别并映射不同数据库或数据集中的表结构、字段和数据类型的过程。模式匹配的目标是在不同模式之间找到对应关系，从而实现数据结构的集成。

① 应用场景

跨数据库集成：在大企业或跨国公司中，可能存在多个数据库系统，每个系统都有不同的模式，在整合这些数据库以形成统一的数据仓库时，需要进行模式匹配，以确保字段之间的一致性和数据的可用性。例如，在企业的客户关系管理系统与订单管理系统之间，客户 ID、订单日期等字段可能存在不同的命名和数据类型，需要进行匹配和转换。

数据迁移与系统整合：在系统升级或迁移过程中，旧系统和新系统之间的模式通常不一致。模式匹配技术可以帮助识别并转换这些模式，从而平滑地将数据迁移到新系统中。

② 技术方法

基于名称的匹配：最基本的方法是通过比较字段或表的名称来匹配模式，这种方法快速且简单，但在字段命名不规范时效果有限。

基于数据类型的匹配：比较不同模式中的字段数据类型，以识别可能的匹配。例如，两个不同模式中都包含日期字段（如 Date 和 OrderDate），可以通过数据类型匹配来识别其相似性。

基于统计与样本数据的匹配：通过分析字段中的数据分布、值域、唯一值等统计信息进行匹配。例如，通过分析两个字段的值域和分布，可以判断它们是否是同一个实体的不同表示。

基于机器学习的匹配：使用训练好的机器学习模型来自动识别模式匹配关系，模型可以通过学习历史匹配案例和领域知识来识别模式之间的复杂对应关系。

第3章　数据探索与可视化

在数据分析的旅程中，数据探索与可视化是不可或缺的一步，它不仅帮助我们揭开数据的“面纱”，展示数据背后的规律和故事，还为后续的决策和建模提供关键的线索。本章我们将从基础到前沿，逐步掌握数据探索与可视化的核心方法，同时帮助读者以全新的方式洞察数据。

3.1　数据探索的目的与方法

数据探索是分析数据的第一步，对数据进行深入了解和挖掘，可为后续的分析和模型构建打下坚实基础，它的主要目的是发现数据中的特征、模式以及异常点，同时对数据的分布有初步的了解。数据探索的好坏，往往决定了后续分析的效果。

3.1.1　探索性数据分析（EDA）

探索性数据分析（exploratory data analysis，EDA）是一种通过使用统计图表和汇总统计方法来分析和理解数据集的过程，EDA 的主要目标是帮助分析人员更好地了解数据的结构、发现潜在的模式和异常，并验证假设。EDA 可以被看作数据探索的核心方法。

具体步骤如图 3-1 所示。

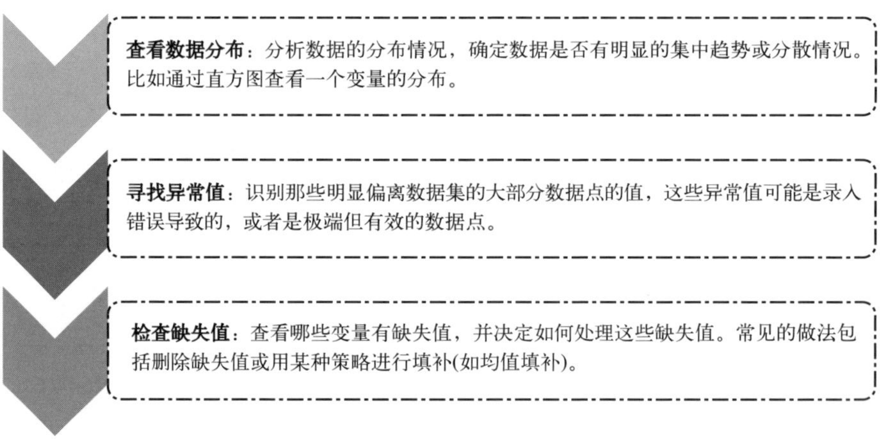

图 3-1　EDA 的步骤

举个例子，如果有一个关于房价的数据集，通过 EDA 可以发现不同地区房价的平均水平、最高值和最低值，还可以发现有些地区房价明显异常的记录（例如非常低或非常高的价格），这些异常值可能会影响模型的效果。

3.1.2 数据探索工具和技术

为了执行 EDA 和其他数据探索任务，我们需要使用一些专门的工具和技术。常见的工具和技术包括以下几种。

（1）Python 及其库

Python 的相关库如表 3-1 所示。

表 3-1 Python 相关库

名称	说明
Pandas（面板数据分析库）	表格型数据处理、清洗、筛选、聚合，支持 DataFrame 结构
Numpy（数值计算库）	支持高性能数组计算与数值函数，是数据处理基础
Matplotlib（绘图库）	基础图形绘制，适用于折线图、柱状图等基础图形
Seaborn（统计图形库）	构建在 Matplotlib 之上，支持箱线图、热力图、回归可视化等
Plotly（交互式图形库）	创建交互性强的可视化图表（如动态散点图、3D 图）
Missingno（缺失值可视化库）	专门用于绘制缺失数据的分布和 模式图（如缺失热图）

（2）R 语言

R 语言的相关库如表 3-2 所示。

表 3 2 R 语言的相关库

名称	说明
Tidyr（数据整形包）	用于宽表与长表之间的转换、缺失值填充、数据拆分
Dplyr（数据处理包）	提供管道式的数据选择、过滤、汇总、变换等操作
Janitor（表格清理工具包）	清理列名、处理重复行、识别空列、快速制作频数表
ggplot2（图形系统包）	基于图形语法的高级可视化包，支持所有常见图形
Corrplot（相关性图包）	可视化变量间的相关系数矩阵（圆圈图、热图等）
Visdat（数据结构可视化包）	直观呈现数据类型、缺失分布等信息

续表

名称	说明
Summarytools（数据摘要包）	生成结构化的描述性统计报告（含频数表、分组统计）
Hmisc（数据分析辅助包）	包括描述性统计、缺失处理、分位数表、相关分析等功能
DataExplorer（自动化 EDA 工具包）	一键生成包括结构、分布、缺失、相关性、离群点的分析报告
Esquisse（拖拽式图形构建工具）	基于 ggplot2 的交互式图形创建界面，适合非编程用户

（3）商业数据可视化工具

部分可视化工具如表 3-3 所示。

表 3-3　部分可视化工具

名称	说明
Tableau	提供了交互式的可视化界面，用户可以通过简单的拖放操作创建丰富的图表，适合没有编程背景的用户
Power BI	与 Excel、Azure 集成度高，适合企业报表和决策分析
FineBI	适合中国企业业务系统集成与快速报表开发
Looker（GCP）	Google Cloud 旗下，适合大数据可视化与嵌入式分析
Google Data Studio	适合营销数据分析（如 Google Ads、GA），与 BigQuery 集成良好

3.2　数据可视化技术

数据可视化是将数据转换为图形、图表或其他形式的过程，使得复杂的信息以更加直观、易懂的方式呈现给用户。相较于枯燥的数字和表格，图形化的呈现方式能够帮助我们更快地捕捉数据中的关键点，从而增强对数据的理解。通过可视化，分析人员可以更清晰地看到数据背后的结构，揭示隐藏的趋势和模式，甚至能够迅速发现异常值和数据中的潜在问题。

可视化不仅仅是简单的图表生成，它也是沟通数据与洞察的桥梁。例如，折线图可以展示时间序列数据的趋势，柱状图能够比较不同类别之间的差异，散点图则有助于揭示变量之间的关系，通过这些图表，复杂的数据关系变得一目了然，用户可以从整体的趋势中提取重要信息。

此外，数据可视化还支持互动式分析。通过动态图表或仪表盘，用户可以根据不同维度进行数据过滤和探索，实时查看数据变化带来的影响，这种互动方式能够帮助用户深入挖掘数据背后的故事，从而做出更有依据的决策。

3.2.1 基本图表与统计图表

数据可视化较常见的方式是通过基本图表和统计图表来呈现信息。常用的基本图表如表 3-4 所示。

表 3-4 基本图表介绍

名称	说明	示例
柱状图	柱状图用来比较不同类别的数据	例如，如果有多个城市的房价数据，可以使用柱状图来比较每个城市的平均房价
折线图	折线图通常用来表示随时间变化的趋势，适用于时间序列数据	例如，可以用折线图展示某个城市过去五年的房价变化情况
散点图	散点图用于显示两个变量之间的关系	例如，可以用散点图展示房屋面积与房价之间的关系，如果数据点趋于一条线，说明面积和价格之间可能存在某种线性关系
直方图	直方图用来显示数据的分布	例如，可以用直方图展示某个城市的房价分布，看看房价集中在什么范围
箱线图	箱线图用于展示数据的离散情况，并可以很容易地发现异常值。它显示了数据的四分位数、最大值、最小值和异常值	例如，可以用箱线图查看房价的分布，了解其中是否存在极端高或极端低的房价

3.2.2 高级可视化技术

交互式可视化不仅是数据展示的升级，更是数据探索的一种全新方式。与静态图表不同，交互式可视化允许用户主动参与数据分析过程，提供了极大的灵活性和互动性，用户可以通过点击、拖拽、缩放等操作与图表“对话”，这种互动方式使得数据分析不再局限于表面，而是可以通过多维度的视角深入探索数据的各个细节。

高级可视化工具，例如 Tableau 和 Power BI。用户不仅可以通过简单的筛选、排序等操作来自定义数据的展示方式，还可以根据不同的需求调整数据的维度和指标，从而获得更加细致、个性化的分析结果。比如，一个销售经理可以通过拖动筛选条件，即时查看不同时间段、区域或产品线的销售表现，帮助快速做出决策，而且，这些工具通常支持数据的实时更新，用户可以随时捕捉最新的变化，确保分析结果的时效性。

3.3 数据特征和模式的发现

数据探索的另一个核心目标是发现数据中的特征和模式，这对于理解数据背后的故事至关重要。特征和模式不仅帮助数据分析师更好地理解数据的结构，还为后续的建模和深度分析提供了关键线索，通过有效的数据探索，分析师可以在海量的数据中快速识别出有价值的信息，这些信息能够揭示数据的趋势、数据间的关联和数据中存在的潜在问题。

例如，通过散点图可以快速识别出变量之间的线性或非线性关系，发现隐藏在数据中的模式；通过箱线图能够揭示数据的分布特点及离群点（异常值），这有助于了解数据的整体趋势及异常现象。

具体来说，数据中的特征可以包括：

① **集中趋势**：如平均值、中位数、众数等，帮助我们了解数据的中心位置。

② **离散趋势**：如标准差、方差、四分位差等，反映数据的离散程度。

③ **异常值（离群点）**：可视化手段可以帮助我们快速发现异常点，如通过箱线图或散点图来识别那些偏离大部分数据的点。

数据中的模式则是指数据中隐藏的规律或趋势，常见的模式类型包括：

① **时间序列中的趋势和季节性波动**：对于随时间变化的数据，折线图是一种常用的可视化方式。例如，在分析股票市场价格变动时，折线图能够清晰展示长期的上升或下降趋势，以及由季节性、周期性或外部事件引发的波动。这种趋势模式对于预测和策略制定具有重要意义。

② **类别型变量的分布模式**：在处理类别型数据时，条形图是常用的图表类型之一。它可以直观展示各个类别的频次（即每类出现的次数），帮助分析者识别类别之间的数量差异、分布不均情况或数据偏态，为变量选择和建模提供基础判断。

③ **聚类和分群模式**：当数据包含多个维度时，利用散点图、热力图等工具，可以发现数据在空间中的自然聚集结构。聚类模式揭示了数据中的内在分群关系，常用于识别用户群体、市场细分或异常行为检测。

例如，在零售分析中，通过探索数据的销售趋势，数据分析师可能会发现某些特定产品在特定时间段内销量激增，揭示出某种季节性购买模式；或者，通过对顾客数据进行聚类分析，可以识别出具有类似购买行为的客户群体，从而为精准营销策略提供依据。

因此，数据探索不仅仅是对数据的初步理解，它更是通过可视化手段深入挖掘数据潜在特征和模式的过程。通过这一过程，分析师能够为后续的机器学习建模、特征工程和预测分析打下坚实基础，使得分析结果更加准确且有洞察力。

3.3.1 数据分布与统计特征

理解数据分布对于揭示数据中的重要特征至关重要，它可以帮助分析人员快速了解数据的整体结构和模式。通过数据分布分析，我们可以识别数据的集中趋势、离散性、对称性等属性，这些信息在数据建模和决策过程中起着基础性的作用。

数据分布分析方法如下。

（1）正态分布

正态分布是数据分析中最常见的一种分布形式，它呈现出对称的钟形曲线（如图 3-2 所示），也称为“高斯分布”。在正态分布中，大多数数据点集中在均值附近，数据向两端逐渐减少。典型的正态分布具有两个特性：对称性和集中性。

人的身高往往呈现正态分布。大部分人的身高集中在某个范围内，如男性身高集中在 170 ～ 180cm 之间，而非常高或非常矮的人则较少。因此，正态分布不仅描述了数据的集中趋势，还揭示了数据的离散性：数据越靠近均值，出现的概率越高；而远离均值的极端值出现的概率则较低。

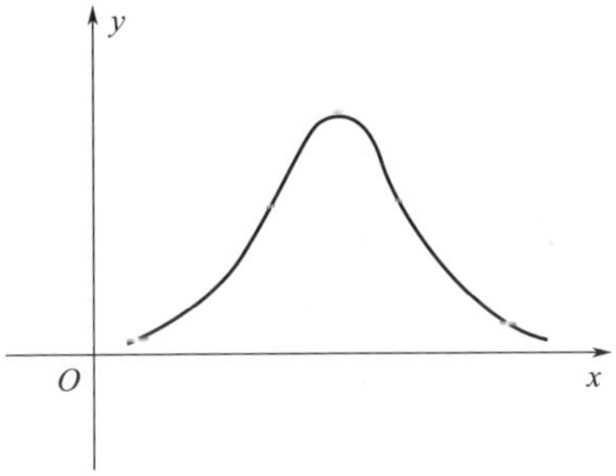

图 3-2 正态分布示意图

正态分布在统计学中十分重要，许多统计方法，如 t 检验、假设检验、线性回归等，都是基于正态分布假设的。因此，检查数据是否符合正态分布对于确保这些方法的适用性非常重要。

（2）偏度和峰度

偏度和**峰度**是衡量数据分布的两个重要指标。

① **偏度**。衡量数据分布的对称性。如果数据左侧或右侧的尾部特别长，分布就会偏离对称的正态分布。例如，如果分布的尾巴在右侧较长，则称为正偏（右偏）；如果分布的尾巴在左侧较长，则称为负偏（左偏）。偏度是用来评估数据是否有较多极端值的一个标准，正偏的数据意味着大部分数据较小，而极大值出现的频率较低；负偏则相反。如图 3-3 所示。

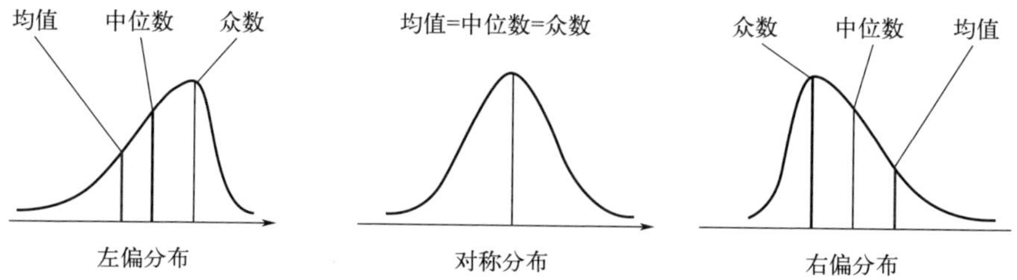

图 3-3 不同偏度示意图

② **峰度**。反映的是数据分布的尖锐程度或平坦程度。如果峰度较高，则说明数据大部分集中在均值附近，分布比较尖锐，称为尖峰；如果峰度较低，则说明数据较为平坦，数据点分布得更加分散，称为平峰。例如，高峰度的分布意味着大部分数据非常接近平均值，低峰度则表明数据在均值周围分布得较为分散。

当与标准正态分布峰度相同时，峰度为 0；为尖峰时，峰度大于 0；平峰时，峰度小于 0。如图 3-4 所示。

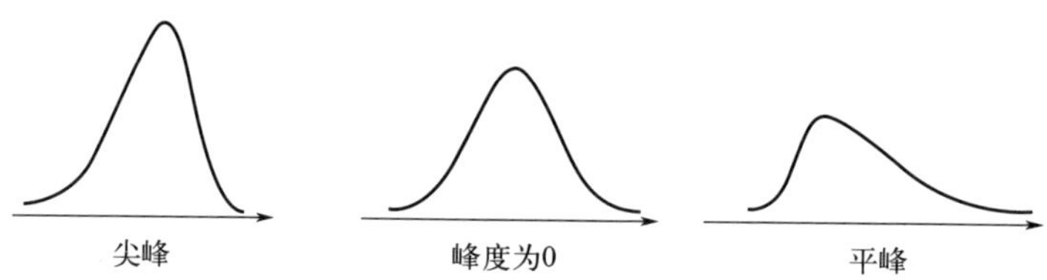

图 3-4 不同峰度示意图

举个例子，如果我们分析考试成绩的分布，发现数据呈现正偏，意味着大部分学生的分数较低，少部分学生分数特别高。如果峰度较高，说明学生的成绩大部分集中在一个狭窄的范围内，如 70 ～ 80 分之间。

（3）分位数和中位数

分位数是将数据按大小顺序分成若干部分的点，用来描述数据的分布情况。四分位数是较常用的分位数之一，它将数据分为四个等份。具体来说：

① 第一四分位数（Q1）：将排好序的数据中前 25% 的数据与后 75% 的数据

分开的数，表示 25% 的数据小于或等于该值。

② 第二四分位数（Q2）：即中位数，表示 50% 的数据小于或等于该值。

③ 第三四分位数（Q3）：将前 75% 的数据与后 25% 的数据分开的数，表示 75% 的数据小于或等于该值。

通过分位数，数据分析师可以清晰地看到数据在不同区间的分布情况，帮助识别数据的集中趋势、离散程度以及潜在的异常值。分位数能够有效描述非正态分布的数据，尤其是在数据中存在极值或分布不对称的情况下。

中位数是数据的中间值，它将数据分为两半，是描述数据集中趋势的重要指标。与均值不同，中位数不受极端值的影响，因此在数据中存在异常值时，中位数往往比均值更能反映数据的真实中心趋势。

举个例子，如果你在分析一组家庭收入数据时，由于少部分家庭收入极高，导致平均收入被拉高，这时中位数往往能更准确地反映大多数家庭的收入水平。假设数据的中位数是 40000 元，而平均收入是 60000 元，那么中位数能更好地反映典型家庭的收入。

3.3.2 相关性分析

相关性分析是数据分析中非常重要的工具，用于衡量两个或多个变量之间的关系，帮助我们了解变量之间是否存在某种规律或依赖关系。通过分析相关性，数据分析师可以发现变量间的潜在联系，进而为特征选择提供依据，帮助构建更加精准的模型。

（1）皮尔逊相关系数

皮尔逊相关系数是较常用的相关性分析方法之一，主要用于衡量两个连续变量之间的线性关系。皮尔逊相关系数的取值范围是 -1 ~ 1：

1 表示两个变量完全正相关，意味着其中一个变量的增加会导致另一个变量线性增加。例如，房屋面积与房价之间的正相关关系意味着房屋面积越大，房价越高。

-1 表示两个变量完全负相关，意味着一个变量的增加会导致另一个变量线性减少。例如，房屋年龄与房价之间可能存在负相关性，房子越老，房价可能越低。

0 表示没有相关性，意味着两个变量之间没有显著的线性关系。

皮尔逊相关系数假设数据是正态分布的，因此，它最适用于满足该假设的场景。它通过测量两个变量之间的协方差来计算相关性，并通过标准化将结果归一化到 -1 到 1 的区间。

假设我们分析一组房价数据，发现房屋的面积和房价之间的皮尔逊相关系数为 0.85，这表明房屋面积与房价之间存在强正相关关系。也就是说，房屋面积越大，房价越高；如果发现房屋年龄与房价之间的皮尔逊相关系数是 -0.7，则表示房屋的年龄和房价之间有较强的负相关关系，房屋越老，房价越低。

（2）斯皮尔曼等级相关系数

斯皮尔曼等级相关系数是一种非参数统计方法，用于衡量两个变量的等级相关性。它不要求数据满足正态分布，因此，特别适用于非线性数据或排序数据（如分类数据）。它通过对变量进行排序，然后计算这些排序变量之间的相关性，来判断两个变量的关联性。

斯皮尔曼相关系数的取值范围与皮尔逊相关系数的相同，也是从 -1 到 1：

1 表示两个变量之间完全正相关，即一个变量的排名增加，另一个变量的排名也增加。

-1 表示两个变量之间完全负相关，即一个变量的排名增加，另一个变量的排名减少。

0 表示两个变量之间没有相关性。

斯皮尔曼相关系数特别适合用于分析那些没有线性关系但存在单调关系的变量。例如，即便变量之间不是线性关系，只要一个变量单调递增或递减，斯皮尔曼相关系数也能捕捉到这种关系。

例如我们想分析房屋位置（按优劣排序）和房价的关系，房屋的位置可能不会与房价呈现严格的线性关系，但位置较好的房屋通常售价更高，位置较差的房屋售价则较低。在这种情况下，斯皮尔曼相关系数会比皮尔逊相关系数更适合用于衡量这种排序变量之间的关系。

3.4 新兴可视化技术

随着技术的不断进步，新兴可视化技术正逐渐改变数据分析的方式。这些技术不仅能够处理日益复杂的大数据集，还能为用户提供更直观和丰富的互动体验，使得数据分析更加高效和灵活。传统的静态图表已经无法满足复杂数据场景的需求，新兴可视化技术则可通过更强大的表现力和交互性，帮助分析人员更深层次地探索和理解数据。

3.4.1 增强现实（AR）与虚拟现实（VR）可视化

增强现实（AR）和虚拟现实（VR）是数据可视化领域具有前瞻性的技术，它们为用户提供了突破传统二维界面的体验，通过三维空间呈现和交互方式，极大地提升了数据的可视性和可操作性。这两种技术不仅能增强用户与数据之间的互动，还能够使复杂的数据结构更加直观、可理解。

（1）增强现实（AR）

增强现实（AR）是将虚拟的数据信息与现实世界无缝融合的技术。通过设备（如智能手机、平板电脑或AR眼镜），用户可以在真实环境中叠加看到虚拟的数据信息。例如，房地产行业已经开始广泛应用AR技术，用户可以通过AR设备直接在房屋或建筑的实际场景中看到与之相关的数据信息，这样的技术使得信息的获取更加直观且具象化。例如：

① **房价可视化：**购房者在房屋的实际环境中，能够看到房屋的价格、面积、房龄等信息直接叠加在建筑物上方，无需翻阅大量的纸质资料或在多个网页上查找信息。

② **室内设计：**AR还可以让用户实时查看家具在家中摆放的效果。例如，用户可以在手机屏幕中看到虚拟家具“放置”在客厅中，实时调整家具的大小、位置，甚至改变颜色，从而做出更有把握的购买决策。

这种方式不仅提升了用户的决策效率，还增加了数据分析的趣味性和互动性。

（2）虚拟现实（VR）

虚拟现实（VR）技术则通过创建一个完全虚拟的三维环境，让用户沉浸在一个由计算机生成的数据世界中，在这个虚拟环境中，用户可以自由地移动、缩放和旋转数据，探索不同维度之间的复杂关系。VR技术特别适用于展示复杂的多维数据集，因为它可以在三维空间中更直观地展现数据之间的交互和关联。

例如，在医学领域，VR技术可以用于构建详细的人体三维模型，医生和研究人员可以通过VR设备深入查看人体的不同器官和结构，从多个角度分析病变区域的细节，这种应用在外科手术规划、医学教育和诊断方面具有巨大潜力。通过VR技术，医生可以提前模拟复杂的手术过程，或者在三维模型中精确定位肿瘤的大小和位置，为实际操作提供精确指导。

3.4.2 动态与实时数据可视化

动态和实时数据可视化是展示数据随时间变化的一种强大工具，尤其适用于快速变化、需要即时反应的领域，如金融市场和物联网（IoT）。这些可视化不仅提供了对数据的实时监控，还允许用户通过动态的图表和仪表盘，及时捕捉数据的波动和趋势，帮助决策者迅速做出反应，这类可视化能够为数据驱动的决策提供重要支持，在许多关键行业中发挥着重要作用。

（1）实时仪表盘

实时仪表盘是动态数据可视化的典型应用，它将多个数据源整合到一个界面上，以便用户随时跟踪数据的变化。例如，在金融市场中，实时仪表盘可以帮助投资者监控股票、商品或加密货币的实时价格波动，投资者可以通过这些可视化工具快速掌握市场趋势，并根据数据的即时变化做出投资决策，关键指标（如价格、成交量、涨跌幅等）会通过实时更新的图表呈现出来，投资者无须手动刷新即可获取最新数据。

（2）传感器数据可视化

在物联网（IoT）领域，设备和传感器生成的大量实时数据必须被迅速处理和分析，以确保系统的高效运行和安全性。实时数据可视化能够将这些数据转化为清晰的图形信息，帮助工程师或操作员监控设备状态，发现潜在问题并及时采取维护措施。

智能工厂：在智能制造中，传感器被广泛应用于监控机器和设备的状态。实时数据可视化可以将每台机器的运行状态（如温度、压力、振动频率、能耗等）通过仪表盘或图表实时呈现出来。如果某个设备的读数超过预定的安全范围，系统可以立即发出警报，提醒操作员进行检查或维修，从而避免设备故障或生产停滞。

智能家居：智能家居设备（如温控器、安防系统、智能灯具等）可以通过传感器生成实时数据，通过可视化工具，用户可以随时查看家中设备的状态，并通过手机或电脑进行远程控制。例如，通过动态图表查看房间温度的变化，并调整恒温器的设置。

动态和实时数据可视化的最大优势在于它能够提供即时的信息反馈，帮助用户快速做出数据驱动的决策。这些工具可操作性强，能够显著提高分析效率，确保决策者能够在短时间内获取到最新的数据信息，并根据这些信息进行反应和调整、预测与预防。

除了金融市场和物联网，动态和实时数据可视化在很多行业都有广泛的应用：

① 交通监控：在智能交通系统中，实时数据可视化用于展示道路的交通流量、车辆位置、事故情况等信息，帮助交通管理部门优化道路使用，减少道路拥堵次数并做出应急响应。

② 能源管理：在能源系统中，实时数据可视化可以监控电、天然气或水的使用情况，通过这些动态数据，能源公司可以识别高峰用量时间，优化能源分配，减少浪费。

③ 医疗健康监控：在医疗领域，实时监控患者的生命体征数据（如心率、血压、体温等）至关重要。通过实时可视化工具，医护人员可以随时查看患者的身体状态变化，并在异常发生时立即采取措施，避免突发情况造成严重后果。

第4章　特征选择

特征选择是机器学习和数据处理中的关键步骤，旨在从大量特征中筛选出对模型训练和预测较具价值的特征，同时剔除不相关、冗余或噪声较大的特征。它不仅能够有效提高模型的性能，还能减少数据的维度、降低模型的复杂度和计算成本，更为重要的是，特征选择能够提高模型的泛化能力，使模型在新数据上的表现更加稳健。此外，通过聚焦于关键特征，特征选择能够提升模型的可解释性，帮助分析人员更清楚地理解哪些特征对预测结果起到了重要作用。

4.1 特征选择的重要性

在机器学习中，维度灾难是指随着数据维度的增加，数据空间的大小呈指数级增长，导致模型的训练过程变得越来越复杂，如图 4-1 所示。数据的高维度不仅增加了计算的难度，还可能引入大量的噪声和冗余特征，这些无关或无效的特征往往会掩盖对模型预测有用的特征，从而降低模型的性能。

图 4-1 维度灾难示意图

高维数据会带来以下几个主要问题：

① **数据稀疏性**：随着特征维度的增加，数据点在空间中的分布会变得越来越稀疏，数据之间的距离也会变得难以计算，从而降低模型捕捉规律的能力。

② **计算复杂度高**：高维数据集需要消耗更多的计算资源，训练时间变长，模型的计算成本大大增加，尤其是在处理大规模数据时。

③ **过拟合风险增加**：高维数据会增加模型学习到噪声的可能性，过拟合意

味着模型过于依赖训练数据中的细节和噪声，从而在新数据上表现不佳。

为了应对这些问题，特征选择作为一种常用的降维手段，通过去除无关或冗余的特征来降低数据的维度，解决维度灾难。其主要目的是简化模型，使其能够更高效地从数据中学习到有效的模式，同时减少计算成本和降低过拟合的风险。

4.1.1 特征选择对模型性能的影响

特征选择的核心作用之一是提升模型的预测性能，这是通过筛选出与目标变量高度相关的特征，同时去除不相关或冗余特征来实现的。模型的预测效果在很大程度上依赖于数据中蕴含的关键信息，而那些无关的特征往往会带来噪声，导致模型难以专注于真正有用的模式，从而干扰其学习过程。

特征选择的基本原理：在机器学习模型中，特征选择的主要目标是简化数据，使模型能够更快速、更精准地从数据中提取规律。无关特征不仅会提高模型的计算复杂度，还会导致模型学习到的模式被噪声干扰。例如，如果模型需要处理大量与目标变量无关的特征，它可能会“分散精力”，无法有效捕捉到与预测任务直接相关的信息。

例如，房价预测中的特征选择。在房价预测模型中，有些特征对预测房价起到了非常关键的作用，如图 4-2 所示。

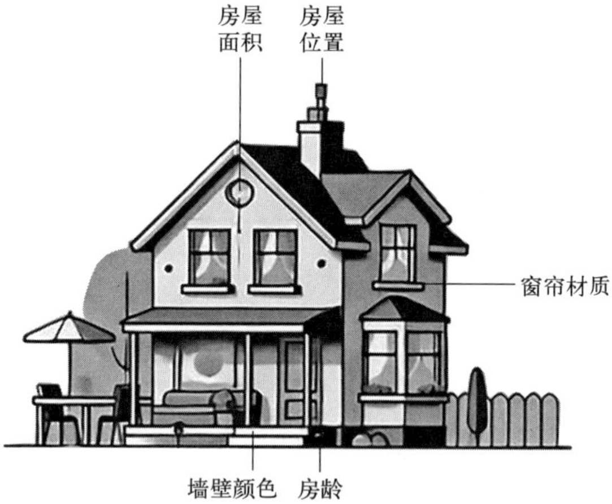

图 4-2 房价预测示意图

房屋面积：面积越大，通常房价越高，这是一条直观且关联性强的规律。

房屋位置：不同地段的房屋价格差异较大，市中心或靠近便利设施的房屋往往比郊区房屋更贵。

房龄：较新的房屋通常具有更高的市场价值，而较老的房屋则可能因维护成本高而导致价格相对较低。

这些特征直接影响了房屋的市场价值，因此，它们在模型中具有很高的权重，模型应该集中学习这些特征与房价之间的关系。

然而，如果在模型中引入了许多无关或冗余的特征，例如：

房屋的墙壁颜色：不同的颜色通常不会对房价产生明显的影响，尽管它可能影响房主的个人偏好。

窗帘材质：这种特征对于房屋价值的贡献几乎可以忽略不计，它可能只是个人品位的反映，而不会显著影响房屋售价。

这些无关特征不仅不会提升模型的预测能力，反而会引入噪声，增加模型的复杂性，使模型难以专注于关键信息，导致训练过程变得冗长，预测精度降低。

特征选择的影响： 当我们通过特征选择去除了无关或冗余的特征后，模型的表现会显著提升。主要表现在以下几方面：

① 减少模型的训练时间：去除不必要的特征后，数据维度减少，模型需要处理的信息量也大幅减少，训练过程变得更加高效。

② 提升预测的准确性：通过保留相关性强的特征，模型可以专注于学习数据中的核心规律，避免被噪声特征干扰，模型将能够更精准地拟合数据，并在新数据上表现出更强的泛化能力。

③ 降低模型的复杂性：通过简化特征集，模型复杂度降低，从而降低过拟合的风险，提升泛化能力。

特征选择在机器学习中具有至关重要的作用，它不仅能够提升模型的训练效率，还能显著提高模型的预测性能，通过去除那些不相关或冗余的特征，模型可以更高效地利用关键信息，快速捕捉数据中的重要模式。对于像房价预测这样的任务，选择合适的特征能够让模型更准确地反映房屋的市场价值，而不会被无关因素干扰。最终，这不仅提升了模型的表现，还使得模型更加简洁和易于解释。

4.1.2 过拟合与特征选择

在前文中我们已经简单地介绍过了过拟合。过拟合现象指的是，模型在训练数据上表现非常好，能够精准地拟合每一个数据点，但在面对新数据（即测试集或实际应用中的数据）时表现较差。这是因为模型不仅学到了数据中的

“通用模式”，还学到了数据中的“噪声”和“细节”，这些数据在实际应用中并没有通用性。

（1）过拟合的主要原因

过拟合通常是由于模型的复杂度过高、特征数量过多或训练数据中存在噪声，模型能够很好地记住训练数据的每个细节和异常值。

① 高维度特征：当数据集中特征数量过多时，模型会尝试利用所有特征来拟合训练数据，即使其中有很多无关或噪声特征。

② 训练数据中存在噪声：训练数据中的噪声（例如异常点或无关特征）会让模型错误地认为这些无关信息与目标变量有显著关联性，导致模型将噪声也当作有效信息来学习。

③ 模型复杂度过高：复杂的模型（例如深层神经网络或带有大量参数的模型）更容易拟合训练数据中的每一个点，从而记住细节，忽视整体趋势。

（2）特征选择如何减少过拟合

特征选择是解决过拟合问题的重要手段之一。它通过去除不必要或无关的特征，降低模型的复杂度，使模型专注于学习那些与预测目标紧密相关的特征，从而提升模型的泛化能力。

① 去除噪声特征：无关或冗余的特征会为模型带来噪声，影响其学习有效模式。通过特征选择，我们可以剔除这些噪声特征，避免模型在训练过程中“记住”这些细节，从而帮助模型学习到更具普遍性的模式。

② 减少模型复杂度：特征选择可以降低模型的维度，使得模型更加简洁。模型的复杂度下降后，它更容易捕捉到数据中的主要模式，而不会被过多的无关特征干扰，降低了模型过拟合的风险。

③ 增强模型的泛化能力：通过去除与目标变量无关的特征，模型能够更加专注于重要特征，提高其在测试数据上的表现能力。这使得模型能够更好地在新数据上做出预测，提高其泛化能力。

让我们继续通过一个房价预测的例子来进一步理解过拟合与特征选择的关系。假设我们构建了一个模型来预测房价，我们选择了房屋的面积、位置、房龄等与房价密切相关的特征。这些特征在不同的数据集中通常都具有普遍的规律：房屋面积越大、位置越好、房龄越小的房子，价格往往越高。

然而，如果我们在模型中加入了不相关的特征，例如房主的宠物数量或当天的天气情况，这些特征与房价并没有直接关系。即使在某些情况下，房主有几只宠物或天气的确可能影响当天的成交情况，但这种影响并不具有普遍性。模型如果试图学习这些无关特征，很可能会记住这些特征在训练数据中的表现，从而导致过拟合。

比如：训练数据中有一位房主有三只宠物，并且天气晴朗，而房屋卖出了较高的价格。模型可能会错误地学习到“宠物数量”和“天气”与房价之间的关联。在训练数据时，模型能够很好地预测这些特征，但在测试数据中，这种关系并不存在，会导致模型表现不佳。

通过特征选择，我们可以去除这些无关的变量，减少模型对这些无关信息的依赖，从而降低模型的复杂度，模型会更加专注于房屋面积、位置、房龄等关键特征，从而在新数据上也能有良好的表现。

4.2 常用特征选择方法

特征选择是机器学习和数据处理中的关键步骤之一，它通过筛选与目标变量密切相关的特征，去除不相关或冗余的特征，提升模型的性能和泛化能力。特征选择方法主要分为三类：**过滤法、包装法和嵌入法**。每种方法都有其特定的应用场景和特点，适合不同的数据集和模型。表 4-1 对每种方法进行了详细说明。

表 4-1 特征选择方法说明

项目	过滤法	包装法	嵌入法
定义	通过独立评估每个特征与目标变量之间的关系来筛选特征，而无须训练任何模型	直接基于模型性能来选择特征的方法，它通过不断尝试不同的特征组合，评估这些组合对模型表现的影响，从而选择出最优的特征子集	在模型训练的过程中，嵌入法会自动根据特征的重要性调整模型的参数，直接选择较关键的特征
举例	相关系数法、卡方检验、方差选择法	递归特征消除（RFE）、前向选择和后向消除	Lasso 回归（L1 正则化）、决策树和随机森林
优点	**计算速度快**：过滤法不依赖于模型训练，计算相对简单，特别适合大规模数据集 **与模型无关**：它可以应用于任何机器学习模型，作为一种预处理步骤，简化特征集	**考虑特征之间的交互作用**：包装法通过测试不同特征的组合效果，能够发现单独特征无法比较的重要特征组合 **精准度高**：因为它直接基于模型性能进行选择，包装法能够更准确地识别对模型最有贡献的特征集	**自动化程度高**：嵌入法能够在模型训练的同时自动进行特征选择，省去了手动调参的麻烦 **模型和特征选择同步优化**：嵌入法能够同时优化模型的参数和特征集，从而找到最优的特征组合

续表

项目	过滤法	包装法	嵌入法
缺点	**忽略特征之间的交互**：过滤法只考虑单个特征与目标变量的关系，无法捕捉特征之间的相互作用，因此可能错过对模型重要的特征组合	**计算成本高**：包装法需要多次训练模型，尤其在特征数量较多的情况下，训练时间和计算资源消耗较大	**依赖特定的模型**：嵌入法通常依赖于模型的结构或正则化机制，因此它不如过滤法那样具有广泛的适用性
应用场景	过滤法适用于初步特征筛选，特别是当数据集维度较高且需要快速处理时。它通常用于文本分析、基因组数据分析等大规模数据集	包装法适用于特征数量较少或计算资源充足的场景，尤其适合需要精细特征选择的任务，比如医疗诊断中的特征筛选，或需要精准预测的金融分析	嵌入法适用于可以通过模型结构进行特征选择的场景，尤其是在使用正则化线性模型（如 Lasso 回归）或树模型（如随机森林、决策树）时，嵌入法能够提供高效的特征选择机制

4.2.1 过滤法

常见的过滤法有：

① **相关系数法**：用于衡量连续变量之间的线性关系。它的取值范围在 -1 ～ 1 之间：

a. 1 表示完全正相关，即一个特征值增加时，目标变量也增加。

b. -1 表示完全负相关，即一个特征值增加时，目标变量减少。

c. 0 表示没有线性相关性。

② **卡方检验**：用于检验分类变量与目标变量之间的关系，特别适合分类问题。卡方检验通过比较观察值与期望值的差异，来衡量两个变量之间是否存在显著的统计关系。

③ **方差选择法**：通过计算每个特征的方差来判断其重要性。方差小的特征说明其取值变化范围很小，对目标变量的区分能力较弱，通常可以去除。该方法特别适合处理数值型特征。

4.2.2 包装法

常见的包装法有：

① **递归特征消除（RFE）**：通过对特征进行递归评估和消除，逐步移除最不重要的特征，直到选出对模型性能贡献最大的特征子集。每一轮训练后，RFE 根

据模型的权重或重要性指标，删除对模型贡献最小的特征。

② **前向选择和后向消除**：**前向选择**是从一个空的特征集开始，逐步向模型中添加最能提高模型性能的特征，直到加入更多特征不再明显提升性能。**后向消除**是从所有特征开始，每次移除对模型贡献最小的特征，直到去除特征不再明显影响模型性能。

4.2.3 嵌入法

常见的嵌入法有：

① **Lasso 回归（L1 正则化）**：它是线性回归的一种扩展，通过在回归损失函数中引入 L1 正则化项，对回归系数加入惩罚项，将部分不重要的特征系数压缩为零，从而实现特征选择。它非常适用于高维数据分析，尤其是在特征数远多于样本数的场景中。

② **决策树和随机森林**：决策树和随机森林是基于树结构的监督学习算法，具备自动进行特征选择的能力。在模型构建过程中，树结构通过不断对特征进行划分（称为“分裂”），以最大限度地提高目标变量（如分类标签或连续值）的可区分性。它们在训练过程中会自动选择最能有效划分数据的特征。这种选择基于某种纯度指标，例如信息增益或基尼指数，从而确保每次分裂都能尽可能清晰地区分目标变量。这一机制使它们在特征选择方面具有天然优势。因此，树模型不仅能完成预测任务，同时也可用于衡量特征的重要性，常被用于特征选择与解释性分析。

4.3 特征选择后的评估指标

在特征选择之后，下一个步骤为评估所选特征对模型性能的“贡献”。通过评估，我们可以判断选出的特征是否对模型的预测能力产生了积极的影响，以及模型在新数据上能否表现出良好的泛化性能。常用的评估方法包括**特征重要性评分**和**交叉验证**，这些方法能够帮助我们衡量每个特征在模型中的贡献，并检验模型在不同数据集上的表现。

4.3.1 特征重要性评分

特征重要性评分是用来衡量每个特征对模型预测能力提升贡献的指标。通过特征重要性评分，模型可以识别出哪些特征对预测目标起到了关键作用，哪些特征对模型贡献较小。不同类型的模型使用不同的计算方法来衡量特征的重要性。

常见的特征重要性评分方法如下。

（1）决策树模型中的特征重要性评分方法

决策树模型通过信息增益或基尼系数来评估特征的重要性。在构建决策树的过程中，模型会选择最能将数据集分开、最有助于减少不纯度的特征作为节点。信息增益越大，说明该特征对数据分裂的贡献越大，特征的重要性也就越高，通过汇总每个特征在不同决策节点中的贡献，决策树模型可以得出每个特征的重要性评分。

信息增益：衡量在一个特征下，数据集在分裂前后熵（数据不纯度）的变化。信息增益越大，说明该特征越有助于分裂数据，重要性也越高。

基尼系数：反映了数据在每次分裂后的不纯度变化，基尼系数下降越多，表明特征对分裂效果越好。

例如，在房价预测中，决策树模型可能会根据房屋面积、位置等特征进行分裂。如果房屋面积的信息增益最大，则模型认为该特征对预测房价的重要性最高。而房屋的颜色等无关特征可能很少被用于分裂，其贡献很小。

（2）线性模型中的特征重要性评分方法

在线性回归模型或逻辑回归模型中，特征的重要性通过其回归系数来衡量。每个特征对应的回归系数表示该特征对目标变量的直接影响程度，系数的绝对值越大，表明该特征对目标的影响越显著。

回归系数：线性模型中的每个特征都会有一个系数，表示特征值的变化对目标变量的影响大小，系数越大，说明该特征对预测结果的贡献越大。

例如，在房价预测的线性回归模型中，房屋面积的回归系数如果为 0.5，说明房屋面积每增加 $1\mathrm{m}^2$，房价增加 0.5 单位。如果某些特征（如窗帘材质）的回归系数接近 0，则可以认为这些特征对模型的预测能力贡献很小。

4.3.2 交叉验证

交叉验证是模型评估的一种常用方法，特别适用于评估特征选择对模型性能的影响。它通过将数据集划分为多个子集（折叠），循环进行训练和测试，能够有效地评估模型的稳定性和泛化能力。交叉验证通过不同的训练集和测试集组合，验证模型在未见过的数据上的表现，确保所选特征不仅在训练集上表现良好，而且在测试集上也能保持较好的效果。

（1）交叉验证的常见类型

① K 折交叉验证。K 折交叉验证将数据集分为 K 个子集（通常 K 取值为 5 或 10），然后进行 K 次训练和测试。在每次迭代中，选择其中一个子集作为测试集，剩余的 $K-1$ 个子集作为训练集，重复 K 次后，取 K 次评估结果的平均值作为模型的最终性能。通过这种方式，可以确保模型在不同的数据子集上都能保持较高的性能，避免因数据分割的随机性而产生偏差。

② 留一法交叉验证（leave-one-out cross-validation，LOOCV）。这种方法是极端形式的 K 折交叉验证，K 等于样本数。每次训练模型时，使用所有数据中的 $N-1$ 个样本进行训练，剩下的 1 个样本进行测试，重复 N 次，最后取平均值。虽然这种方法能够最大限度地利用数据，但计算代价较高，适合样本量较小的情况。

在特征选择后，通过特征重要性评分和交叉验证对模型进行评估，可以帮助我们了解所选特征的贡献，并检验模型的泛化能力。特征重要性评分为我们提供了明确的特征贡献指标，而交叉验证则通过多次数据分割和训练，确保模型能够在未见过的数据上保持良好的性能。通过这两种方法的结合，分析人员可以进一步优化特征集，提升模型的整体性能。

（2）特征重要性评分与交叉验证的优缺点对比

特征重要性评分与交叉验证的优缺点对比如表 4-2 所示。

表 4-2　特征重要性评分与交叉验证对比

项目	特征重要性评分	交叉验证
优点	**直观解释**：特征重要性评分提供了清晰的指标，帮助分析人员了解哪些特征在模型中起到了关键作用，便于解释模型的行为 **可优化性**：根据特征重要性评分，可以有针对性地调整特征集，移除不重要的特征，进一步简化模型，提升性能	**泛化能力评估**：交叉验证能够有效评估模型的泛化能力，确保模型在新数据上的表现 **数据充分利用**：交叉验证通过多次训练和测试，最大限度地利用了现有数据，减小了数据分割带来的偏差
缺点	**模型依赖**：特征重要性评分是依赖于模型的，不同模型的评分机制可能不同。比如，线性模型和决策树模型的特征重要性评分计算方式不同，评分结果也不完全一致	**计算成本较高**：交叉验证需要多次训练模型，特别是在特征数量较多或模型复杂时，计算成本较高

4.4 新兴特征选择方法

随着机器学习技术的飞速发展，传统的特征选择方法（如过滤法、包装法和嵌入法）已被广泛应用，但在应对大规模、高维度数据时，这些方法可能存在一定的局限性。

近年来，基于智能化、动态化的新兴特征选择技术逐渐涌现，特别是**基于强化学习的特征选择**和**自适应特征选择技术**，这些方法能够更好地应对复杂的数据环境，并根据数据特点动态调整特征选择策略，以适应不断变化的数据模式。

4.4.1 基于强化学习的特征选择

强化学习（reinforcement learning，RL）是机器学习中的一个重要分支，通过让学习算法与环境进行交互，不断从反馈中学习如何优化策略。

强化学习的基本思想是：智能体通过与环境交互获得奖励或惩罚，并依据这些反馈逐步调整其策略，最终达到优化目标。

在特征选择中，基于强化学习的特征选择方法是将特征选择过程视为智能体与数据环境的交互过程。强化学习算法根据特定的评估标准（如模型的准确性或误差），动态选择最优的特征集，通过不断地试探和反馈，智能体能够学习到哪些特征对模型性能提升较有贡献，并适时调整选择策略。

（1）基本原理

① 智能体：在基于强化学习的特征选择中，智能体是一个算法实体，其任务是根据当前状态从数据集中选择特征子集。它通过与环境不断交互，基于反馈学习并优化特征选择策略，以提升模型性能。

② 环境：环境指的是整个模型训练与评估过程的反馈系统。它接收来自智能体的动作（即当前所选择的特征子集），并据此训练模型，再将评估指标（如准确率、损失函数值、F1 分数等）作为状态与奖励信号返回给智能体，指导其策略更新。

③ 奖励与惩罚：环境根据当前模型的预测性能为智能体生成奖励信号。若特征选择使模型性能提升，智能体获得正奖励；若模型性能下降或无提升，则给予负奖励或无奖励，以引导其逐步优化选择行为。

④ 动态策略调整：通过反复探索与策略更新，智能体不断学习哪些特征对模型效果更有贡献，逐步构建出一个适应性强、性能稳定的特征选择策略，实现特征子集的最优搜索。

（2）优点

自适应性强：基于强化学习的特征选择能够动态调整特征集，适应数据中潜在的复杂关系。与传统方法不同，它能够在特征之间高度复杂的相互依赖情况下做出决策。

适用于高维数据集：该方法特别适合处理数据维度较高、特征交互复杂的场景，如基因组学和金融数据中的多维特征分析。

举例：在金融市场预测中，数据集通常包含大量的特征，例如股票价格、交易量、宏观经济指标等，这些特征之间可能存在复杂的相互影响。通过基于强化学习的特征选择，模型可以动态选择最能提高预测精度的特征，并及时排除冗余和噪声特征，最终形成最优特征组合。

4.4.2 自适应特征选择技术

自适应特征选择技术是一种能够根据数据动态调整特征选择策略的智能方法。不同于传统特征选择方法自始至终使用相同的特征集，自适应特征选择能够在模型训练过程中根据数据和特征间的复杂关系，实时优化选择过程。其基本思想是：通过不断学习数据中的模式与特征的变化，自适应技术可以及时识别出与目标变量相关的特征，并根据特征间的交互动态调整特征集。

（1）基本原理

① 动态调整：自适应特征选择技术并不是一次性固定特征集，而是在模型训练过程中，根据数据的反馈和特征间的相互影响，自动调整所选特征。

② 实时响应：该技术能够根据数据的变化做出即时响应，尤其在处理大规模数据集或实时数据时，自适应特征选择技术可以快速做出决策。

③ 交互特征的自动捕捉：通过自适应特征选择，算法能够发现并利用特征之间的隐性关系，生成更有效的特征组合，提升模型的性能。

（2）优点

动态优化：自适应特征选择可以随着数据的变化，持续优化特征集，特别是在特征与目标变量的关系复杂或随时间变化的情况下（如时序数据、实时流数据）。

高效处理大规模数据：适用于高维度、复杂的数据集，特别是在金融、医疗等对数据动态性要求较高的领域。

例如，在医疗领域的诊断模型中，病人的特征数据（如血压、血糖等相关据）可能随时间变化，而不同特征在不同阶段对诊断的重要性可能不同。自适应特征选择技术能够根据病人的最新数据动态调整特征集，从而优化诊断结果，提供更加准确的预测和分析。

第 5 章　特征提取

特征提取是数据处理流程中的核心环节，直接决定了模型的性能和效率。高质量的特征不仅提升预测精度，还显著降低计算复杂度，是模型从原始数据中提取关键信息、实现优化的重要手段。本章将全面解析特征提取的概念、基本流程及其在数值和类别数据中的应用，同时深入探讨深度学习、生成对抗网络（GAN）、迁移学习等前沿技术助力特征提取的创新与发展。通过实际案例，本章将展示特征提取在提升模型性能和推动 AI 创新中的关键作用，为构建高效智能系统提供全面支持。

5.1 特征提取的概念与意义

5.1.1 特征提取在数据处理中的角色

特征是从原始数据中提取的具有代表性的信息片段，通常是对数据中关键模式或结构的精炼表达。它是机器学习和人工智能模型进行预测或分类的基础输入，在很大程度上决定了模型的性能和应用效果。直接使用原始数据往往会带来一系列问题，例如模型计算复杂度过高、难以有效学习关键模式、性能下降，甚至因数据包含冗余或噪声信息出现过拟合现象。

特征提取的核心任务是从原始数据中筛选出较有意义的部分，将高维、复杂的原始数据转化为结构化、低维的表达形式的数据。它去除无关或低效的冗余信息，降低数据噪声的干扰，同时保留与目标任务高度相关的核心特征。这一过程不仅能够显著减少计算资源的消耗，还可以提升模型的训练效率和泛化能力，使其更适合于真实场景中的应用。

特征提取的主要作用如下。

① **信息浓缩**：将庞杂的原始数据精炼为模型需要的关键信息。原始数据往往包含大量冗余或无效的信息，直接输入会导致计算资源的浪费和模型性能的下降。通过信息浓缩，特征提取能够有效去除无用信息，保留对目标任务至关重要的特征。

实际意义：信息浓缩不仅减少了数据的存储需求，还降低了模型处理数据的难度，使其更快速地聚焦于核心模式。

举例：在语音识别中，从音频信号中提取梅尔频率倒谱系数（MFCC），可以有效浓缩语音信号的关键信息，去除背景噪声，从而提升语音模型的识别效果。

② **降维**：减少特征的维度，降低计算复杂度。高维数据虽然包含丰富的信息，但维度的增加往往伴随着计算复杂度的显著上升，以及维度灾难问题，即模型在高维空间中难以有效学习。特征提取通过降维技术，将高维数据映射到低维空间，同时保留尽可能多的关键信息。

技术方法如下：

a. 线性降维：主成分分析（PCA）通过线性变换找出数据的主要方向，用较少的主成分代替原始高维特征。

b. 非线性降维：如 t-SNE（t 分布随机邻域嵌入）和 UMAP（统一流形近似与投影），适合处理复杂的非线性数据关系。

应用场景：在图像处理任务中，原始图像数据可能由数百万个像素组成，而通过降维技术可以将这些高维数据压缩成具有语义的特征，如边缘、形状和纹理，从而显著降低计算复杂度。

③ **提升泛化能力**：帮助模型在新数据上表现更优，减少过拟合。模型的泛化能力是指其在未见过的数据上表现良好的能力。直接使用原始数据可能包含大量噪声和无关信息，导致模型在训练集上表现良好但在测试集上性能下降（即过拟合）。通过提取与任务相关的核心特征，特征提取能够显著提升模型的泛化能力。

关键机制：

a. 去除无关特征，减少噪声干扰。

b. 减少特征数量，使模型更容易拟合真正的规律。

案例：在客户行为预测中，直接使用所有交易数据可能导致模型受到噪声干扰；而通过提取客户消费频率、购物类别等特征，可以提升模型在新客户数据上的预测能力。

④ **增强可解释性**：提取的特征通常具有明确的语义或业务意义，随着人工智能应用的深入，可解释性逐渐成为模型开发的重要考量。提取具有明确物理意义或业务价值的特征，不仅可以提升模型的透明度，还能提高其在实际场景中的可信度。

业务场景：

a. 医疗领域：通过提取病变区域的形状、边界和纹理特征，不仅可以提升诊断准确性，还能帮助医生直观理解模型的决策依据。

b. 金融领域：在反欺诈模型中，提取交易频率、地理位置等特征，能够直观解释模型如何识别异常行为。

技术支持：诸如 SHAP 值（Shapley 加性解释法）、LIME（局部可解释模型无关解释法）等解释性工具可以进一步结合提取的特征，分析其对模型预测的具体贡献。

5.1.2 特征提取的基本流程

（1）数据预处理

数据预处理是特征提取的第一步，主要任务是对原始数据进行清理、规范化和一致性处理，确保后续分析的可靠性。清洗数据可以通过剔除噪声、处理缺失值和删除异常值来改善数据质量，归一化和标准化等技术则能消除特征间的尺度差异。归一化将数据缩放至特定范围（如 [0, 1]），适合波动范围较大的数据，例如在图像处理任务中对像素值进行归一化处理。标准化将数据的分布转换为均值为 0、标准差为 1 的分布，常用于正态分布数据，例如金融分析中的收益率计算。这些处理可确保输入数据的一致性和高质量，为后续特征生成和建模奠定了坚实基础。

（2）特征生成

特征生成利用数学、统计方法和领域知识，从原始数据中构造新的特征，使模型能够更好地理解数据的内在模式。对时间序列数据可以通过提取周期特性、趋势特征和频率特征来揭示数据的动态变化，如从销售数据中提取“节假日效应”或“季度趋势”。此外，多项式特征和交互特征的生成有助于捕捉非线性关系和特征之间的相互作用。例如，在房地产价格预测中，面积与价格的乘积可以作为反映房屋空间价值的交互特征。特征生成不仅提升了数据的表达能力，还能结合业务逻辑，使模型更具针对性和可解释性。

（3）特征筛选

特征筛选是对生成的特征进行精炼，旨在挑选出对任务目标最有贡献的特征集，同时去除冗余或无效信息。特征筛选的方法既包括相关性分析、信息增益等统计技术，也包括递归特征消除（RFE）和 Lasso 正则化等自动化算法。相关性分析可以帮助理解特征与目标变量之间的关系，例如通过皮尔逊相关系数评估连续变量的线性相关性；而信息增益和卡方检验则适合衡量分类任务中离散变量的贡献度。通过有效的特征筛选，模型能够聚焦于最重要的信息，从而提高训练效率，降低过拟合风险，同时降低模型的复杂度。

（4）特征变换

通过数学和算法技术，将原始特征投影到新的空间，从而优化数据的表达形式和模型的性能表现。线性变换方法如主成分分析（PCA）可以通过减少数据的维度，保留主要信息，广泛应用于高维数据场景，例如在人脸识别中提取关键特征。非线性变换如 t-SNE 和 UMAP 则适合处理复杂的非线性数据模式，使高维数据能够以二维或三维形式进行可视化和分析。此外，对数变换、Box-Cox 变换和离散化技术在处理异常值、调整分布和增强模型解释性方面具有重要作用。例如，在处理收入数据时，应用对数变换可以压缩数据范围，使其分布更接近正态分布，从而增强模型的拟合效果。

5.2 从原始数据中提取特征的方法

5.2.1 数值数据的特征提取

数值数据是最常见的数据类型，其特征提取方法如下。

（1）统计特征

均值：均值反映数据的中心位置，表示数据集中分布的趋势，在描述平均消费水平、股票收益率等场景中非常重要。

标准差：标准差衡量数据的离散程度，表示数据偏离均值的程度。金融风险管理中，标准差是衡量收益波动性的重要指标。

偏度：偏度衡量数据分布的对称性，偏度为正时分布右偏，为负时分布左偏。在收益分布分析中，偏度可帮助识别极端值对投资策略的潜在影响。

峰度：峰度描述数据分布的尖锐程度，较高的峰度表示数据集中在均值附近，低峰度则表示数据较为分散。在信用风险分析中，峰度高的数据可能暗示极端事件的发生。

（2）时序特征

周期特征：通过自相关函数（autocorrelation function，ACF）捕捉数据在固定时间间隔内重复的模式。例如，电力负荷数据中的每日高峰和低谷。

趋势特征：趋势特征描述数据的长期变化模式，常通过移动平均或线性回归提取。例如，销售额增长趋势。

频域特征：通过傅里叶变换将时间序列数据从时域转化到频域，提取主要频率成分和周期特性。

（3）数学变换

对数变换：通过取对数将数据范围压缩，减少极值的影响，适用于具有指数增长趋势或重尾分布的数据。

差分变换：通过计算相邻值之差消除时间序列数据的增长或降低趋势成分，使其平稳化，适合于 ARIMA 等模型。

5.2.2 类别数据的特征提取

类别数据是指取值离散且通常有限的变量，例如性别（男、女）、地区（北京、上海、广州）或产品类别（电子产品、服装、食品）。类别数据在许多实际问题中广泛存在，但由于其本质是非数值的，无法直接输入机器学习模型进行计算。因此，合理的特征提取和编码方法是模型理解类别数据的关键。以下是常用的类别数据特征提取方法及其应用场景。

5.2.2.1 编码方法

编码方法是对类别数据进行数值化处理的基本方式，其目标是将离散值转化为模型可以接受的数值形式，同时尽量保留类别之间的关键信息。

（1）独热编码

独热编码是较常用的类别数据编码方法之一，通过将每个类别映射为一个二进制向量，向量中仅一个位置为 1，其余位置为 0。例如，类别变量“城市”取值为［“北京”，“上海”，“广州”］，独热编码后可表示为：北京——[1, 0, 0]，上海——[0, 1, 0]，广州——[0, 0, 1]。

优点：简单直观，适用于类别数量较少且无序的场景。

缺点：当类别数量较多时，编码后的向量维度会迅速增加，导致高维稀疏问题（即维度灾难）。

应用场景：推荐系统中，独热编码常用于表示用户的设备类型（如手机、平板、电脑），以帮助模型识别不同设备的行为模式。

（2）目标编码

目标编码通过类别与目标变量的统计关系进行编码，例如类别的目标变量均值、方差或中位数。以房价预测为例，地区类别可以用该地区的平均房价表示：

北京——[50000]，上海——[45000]，广州——[30000]。

优点：能有效保留类别与目标变量之间的统计关联，适合处理类别数量较多的场景。

缺点：目标编码可能引入数据泄露问题，因此在模型训练中需注意对训练和验证数据分开编码。

应用场景：在房价预测中，目标编码可以帮助模型更准确地捕捉不同地区对房价的影响。

（3）频率编码

频率编码用类别变量在数据集中出现的次数或频率作为其编码值。例如，类别变量"职业"用在数据集中出现的频率编码为：

医生——[0.1]，教师——[0.3]，工程师——[0.6]。

优点：编码简单，能有效压缩类别信息，可避免出现独热编码的高维问题。

缺点：仅保留类别的频率信息，可能丢失类别之间的实际差异。

应用场景：在用户行为分析中，频率编码可用来表示用户常见的操作行为类别（如点击、搜索、购买）。

5.2.2.2 嵌入向量

嵌入向量是一种通过神经网络学习类别变量低维连续表示的技术，特别适用于处理高维稀疏的类别数据。嵌入向量将每个类别映射为固定长度的连续向量，这些向量在特征空间中具有语义意义。例如，在电影推荐系统中，嵌入向量可以捕捉以下信息：

① 用户嵌入向量：反映用户的偏好。

② 电影嵌入向量：描述电影的类型、主题或风格。

嵌入向量的生成通常通过嵌入层完成，在神经网络的训练过程中自动优化。这种方法的核心思想是让模型通过数据学习类别之间的潜在关系。

优点：

① 能有效压缩高维数据，避免稀疏性问题。

② 嵌入向量具有语义意义，能够捕捉类别之间的潜在关联。

缺点：

① 需要大量数据和计算资源进行训练。

② 嵌入向量的训练依赖具体任务，泛化能力可能受限。

应用场景：

① 在电影推荐系统中，嵌入向量能够学习用户与电影之间的潜在语义关系，用于个性化推荐。

② 在电商领域，嵌入向量可用于表示商品类别、用户群体等信息，提升推荐算法的性能。

5.3 自动化特征提取工具与技术

5.3.1 自动编码器

自动编码器是一种无监督学习模型，其主要目标是通过训练神经网络，将输入数据压缩到一个低维空间表示，并从中重建原始输入。自动编码器在特征降维、特征提取以及去噪任务中表现出色，是现代机器学习中广泛应用的一种模型。

（1）原理

自动编码器由两部分组成，如图 5-1 所示。

① **编码器：**将输入数据映射到一个低维的潜在空间表示（隐藏层）。这一过程相当于对数据压缩，将高维输入转化为具有更少维度的紧凑表示形式的数据。

② **解码器：**从潜在空间表示中重建出接近原始数据的输出。这一过程相当于对数据解压。

（2）优势

自动化特征提取：无须人工设计特征，模型能够自动从数据中学习到潜在的高阶特征，尤其适合高维复杂数据。

降维能力强：通过隐藏层有效压缩数据维度，同时保留关键信息，可替代传统的线性降维方法，如主成分分析。

非线性特性：借助深度神经网络的非线性映射能力，自动编码器可以捕捉数据中复杂的非线性关系，表现优于许多线性方法。

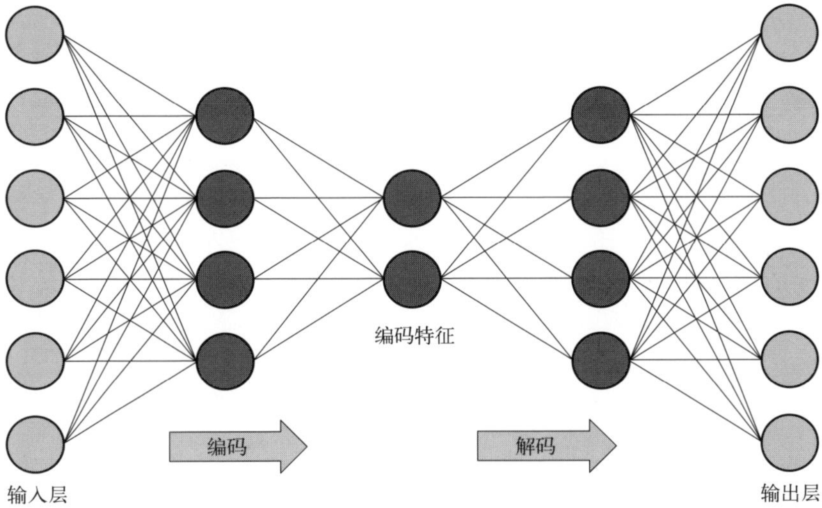

图 5-1　自动编码器原理图

多任务与结构扩展：自动编码器不仅可用于基础的特征压缩和重构任务，还可以根据不同应用目标进行多任务与结构上的扩展，演化出一系列功能增强的变体，以适应更复杂的学习需求。例如，去噪自动编码器通过在输入数据中引入噪声，并训练模型还原原始无噪声样本，从而提升模型对扰动的鲁棒性，广泛用于异常检测与鲁棒特征提取；变分自动编码器在模型中引入变分推断机制，使编码器能够学习潜在变量的概率分布，从而具备强大的数据生成能力；而对抗式自动编码器（adversarial autoencoder，AAE）则融合了生成对抗网络（GAN）的训练思想，通过增加一个判别器对编码器输出的潜在表示进行正则化，引导其分布逼近预设的先验分布，增强了潜在空间的可控性与表达能力。这些结构扩展极大地拓展了自动编码器在生成模型、数据去噪和分布对齐等任务中的应用边界。

（3）应用

① 信用风险评估：在金融行业中，自动编码器能够帮助识别隐藏在高维数据中的关键模式。例如，在信用评分任务中，通过对用户的交易数据进行特征提取，自动编码器可以识别出与用户消费习惯和支付能力相关的关键变量。这些特征不仅提高了模型对信用风险的预测精度，还能帮助金融机构优化信用决策流程。

② 图像处理：自动编码器在图像处理领域应用广泛，尤其是在图像去噪和

压缩任务中。医疗影像分析中，自动编码器能够从低质量的扫描图像中提取高质量的病灶特征，用于后续诊断。

③ **异常检测：**自动编码器擅长发现数据中的异常模式。例如，通过分析正常数据的重建误差，自动编码器可以检测出与正常模式偏离的数据点。在网络安全中，检测网络流量中的异常行为，如网络攻击。在工业应用中，识别设备运行中的异常状态，预防设备故障。

④ **自然语言处理：**在文本数据处理中，自动编码器可以通过降维学习到文档的潜在主题表示。例如，将长文本转换为固定长度的低维向量，用于文本分类、主题分析和情感分析。

5.3.2 深度学习中的特征提取

深度学习模型具有强大的自动特征提取能力，尤其在高维和复杂数据处理中表现突出。相比传统方法依赖人工设计特征，深度学习模型能够通过层层神经网络的自动学习，提取更具表达力和鲁棒性的特征，从而提升模型的预测能力和泛化性能。以下是两种主要的深度学习模型及其在特征提取中的应用。

（1）卷积神经网络（CNN）

卷积神经网络（convolutional neural network，CNN）是深度学习中特别擅长处理图像和空间数据的模型。CNN 通过卷积操作提取数据的局部特征，例如边缘、纹理、形状等，并逐层聚合这些低级特征为高级语义信息。

应用场景：

① **动驾驶：**在自动驾驶场景中，CNN 可以通过处理摄像头捕捉的图像数据，提取出道路标志、车道线、障碍物等重要特征，为车辆决策提供支持。

② **医疗影像：**在疾病诊断中，CNN 被广泛用于从 X 光片、CT 扫描或 MRI 图像中提取病变区域特征，辅助医生进行诊断。

③ **安防监控：**CNN 能够识别监控视频中的异常行为，如入侵检测和暴力行为识别。

（2）循环神经网络（RNN）

循环神经网络（recurrent neural network，RNN）专注于处理序列数据和时间动态模式，能够通过其独特的循环结构捕捉数据的时间依赖性和长期记忆特性。RNN 是一种“有记忆力的”网络，它可以记忆前边的输入，使得前边的输入 *n*

对后边 $n+1$ 的输出产生影响。

以下是 RNN 的一些扩展模型：

① 长短时记忆网络（LSTM）：通过引入遗忘门、输入门和输出门，有效解决传统 RNN 的梯度消失问题，适合捕捉长期依赖性。

② 门控循环单元（GRU）：简化 LSTM 的结构，减少计算成本，同时保持性能。

应用场景：

① **金融交易预测**：RNN 通过分析股票价格、交易量等时间序列数据，提取短期波动和长期趋势特征，用于预测未来价格变化。

② **自然语言处理**：在语音识别、机器翻译等任务中，RNN 能够捕捉句子中的语义依赖关系。

③ **能源预测**：在电力负荷预测中，RNN 通过学习历史负荷数据的时间模式，为电力调度提供支持。

CNN 与 RNN 的对比如表 5-1 所示。

表 5-1　CNN 与 RNN 的对比

特点	CNN	RNN
适用的数据类型	图像、视频、空间数据	时间序列、文本、音频数据
特征提取目标	局部模式（如边缘、纹理、形状）	时间依赖模式（如动态变化、长期记忆）
主要结构	卷积层、池化层、全连接层	隐藏状态、时间步循环
典型应用	图像分类、目标检测、语义分割	语音识别、文本生成、序列预测
扩展模型	ResNet（残差网络）、VGG（牛津大学视觉组网络）、Inception（深度分支网络）	LSTM（长短期记忆网络）、GRU（门控循环单元）、Seq2Seq（序列到序列模型）

5.4　新兴特征提取技术

随着深度学习和人工智能技术的不断发展，新兴的特征提取技术应运而生。这些技术不仅能够应对复杂、高维的数据，还能够解决传统方法在数据稀缺、跨任务迁移中的局限性。其中，基于生成对抗网络（GAN）和迁移学习的特征提取技术在许多领域展现出了强大的应用潜力。

5.4.1 基于生成对抗网络（GAN）的特征提取

生成对抗网络（generative adversarial network，GAN）是由生成器（generator）和判别器（discriminator）构成的对抗性模型框架。生成器的目标是学习原始数据的分布，从噪声中生成与真实数据相似的样本；判别器则负责区分生成数据和真实数据。在训练过程中，生成器与判别器相互博弈，最终生成器能够生成逼真的数据样本。

特点：

① **适合高维复杂数据**：GAN 能够从复杂的高维数据中提取隐藏的分布信息，生成具有真实感的样本。

② **解决数据稀缺问题**：在数据量不足的场景下，GAN 可以生成额外的样本，提升模型的训练效果和增强样本多样性。

③ **高级特征学习**：GAN 通过生成器和判别器的协作，能够学习数据的高级特征。

应用案例：

① **医学影像分析**：在医学领域，GAN 可以生成具有真实感的病灶增强图像，辅助医生识别病变特征。例如，通过 GAN 生成稀有疾病的影像数据，用于扩展训练集，从而提升诊断模型的性能。

② **图像超分辨率**：GAN 可以从低分辨率图像中生成高分辨率图像，同时提取图像中的关键特征，广泛用于卫星图像分析和显微图像处理。

③ **数据增强**：在自动驾驶领域，GAN 能够生成不同天气、光照条件下的道路场景图像，扩展数据集，提升模型的鲁棒性。

5.4.2 迁移学习中的特征提取

迁移学习（transfer learning）是通过复用一个在大型数据集上训练好的预训练模型，将其特征提取能力迁移到新任务中的方法。迁移学习的核心思想是，许多任务在低级特征和中级特征上具有一定的共性，因此可以共享这些特征，从而减少训练时间和数据需求。

深度学习模型的层级结构由“自下而上”的特征表示，低级特征更通用，高

级特征更具体。迁移学习通过保留底层特征，并微调高层特征以适应新任务

相关方法：

① **微调**：在迁移学习中，微调是指在保留预训练模型主体结构的基础上，对模型的后几层进行重新训练，以适应新的任务。当目标任务的数据量相对充足时，微调能够在预训练特征的基础上进一步优化模型。在图像分类任务中，常见的做法是保留主干特征提取结构（如深度神经网络架构 ResNet 或高效卷积神经网络架构 EfficientNet），仅对其最后几层进行参数更新，以适配特定的新类别标签。这种方法既能减少训练时间，又能显著提升模型在新任务上的性能表现。

② **冻结特征**：在迁移学习中，冻结特征代表固定预训练模型中部分层的权重，仅对与任务相关的高层特征进行训练。适合目标任务数据量较小的场景，可以快速迁移已有特征。例如，在小样本学习中，冻结 BERT 的底层语言特征，仅训练高层相关部分。

应用案例：

① **自然语言处理（NLP）**：在 BERT、ChatGPT 等预训练模型的基础上进行微调，以适应情感分析、文本分类等任务

② **计算机视觉（CV）**：迁移学习在图像分类、目标检测和语义分割任务中广泛应用。例如，自动驾驶中的行人检测、工业检测中的识别零部件缺陷等。

③ **语音处理**：预训练语音模型（如 Wav2Vec，即波形到向量模型）能够从原始语音信号中提取高质量的特征表示。通过迁移学习方式将 Wav2Vec 应用于下游任务，如语音转文字（ASR）、语音情感识别、口音识别等，有效增强模型在低资源场景下的表达与识别能力。

基于 GAN 的特征提取与迁移学习中的特征提取的对比如表 5-2 所示。

表 5-2 两种新兴特征提取方法的对比

特点	基于 GAN 的特征提取	迁移学习中的特征提取
适用数据	高维复杂数据，尤其是稀缺数据场景	各类数据，适用于有大规模预训练模型支持的任务
主要目标	学习数据分布，生成新样本并提取高级特征	利用预训练模型，迁移通用特征到新任务
计算需求	高，对抗训练需要较长时间和较多资源	中等，基于预训练模型进行训练优化
代表应用	医学影像生成与增强、数据扩充	图像分类、语义分割、文本理解与生成

第6章 特征构造

6.1 特征构造的重要性

6.1.1 特征构造对模型的影响

特征构造是机器学习和深度学习中至关重要的一个步骤，它通过从原始数据中提取、转换或组合新的特征来增强模型的性能。特征是模型理解和处理数据的基础，它们提供了数据中蕴含的有用信息，帮助模型识别出隐藏的模式、关系和规律。模型本质上是通过这些特征来“学习”数据中的结构和趋势，因此，特征的质量直接决定了模型的效果。

好的特征构造能够大幅度提升模型的预测性能。当我们在原始数据上进行适当的特征构造时，可以将数据中的潜在信息显性化，使得模型更容易捕捉其中的有用模式。特征构造包括一系列技术，如数学转换（如对数变换、平方根变换）、特征交互（如将多个特征进行组合生成新特征）以及从领域知识中引入特征（例如结合业务逻辑或领域背景来创造有意义的特征）。如果特征构造得当，模型不仅可以提高预测的准确性，还能增强可解释性和鲁棒性，从而在面对不同数据分布或噪声时依然表现良好。反之，如果特征选择不佳，模型可能难以从数据中学到有用的规律，容易被噪声或不相关的信息所干扰，导致模型的性能下降。这种情况不仅会导致模型预测不准确，还可能使得模型过拟合，即模型在训练数据上表现良好，但在新数据上表现较差。

6.1.2 领域知识在特征构造中的应用

领域知识指的是专家在某一特定领域内积累的专业理解和经验，它在特征构造中起着举足轻重的作用。数据科学家通过将这种丰富的领域知识与数据相结合，能够创建出更具意义且符合实际场景的特征，从而提升模型的预测能力，领域知识的应用可以帮助模型深入挖掘数据中潜在的、有价值的信息，并通过合理的特征构造，使模型在复杂问题上有更强的表现力。

例如，在医学领域，医生凭借多年的临床经验和知识，清楚某些健康指标（如血压、胆固醇水平）与疾病风险存在直接或间接的关联，这种关联不仅能够帮助数据科学家理解这些指标的相对重要性，还可以通过结合这些指标生成复合特征，增强模型的预测能力。例如，医生可能会建议将多个指标组合起来，生成一个更加复杂的特征，如“代谢健康指数”，从而提供一个综合性的健康评估标准。这些复合特征比单一指标更能反映出患者的健康状况，进而帮助模型更准确地预测疾病的发生风险。

举个例子，在预测心脏病风险的场景中，单独考虑血压可能并不足以全面反映心脏病的潜在风险。虽然高血压是心脏病的一个重要风险因素，但其还受到患者年龄、体重、生活方式等多方面因素的共同作用。因此，数据科学家可以结合血压、年龄、体重等数据，构造出一个更加复杂的复合特征，如心血管健康评分。这一评分不仅可以捕捉不同健康指标之间的相互关系，还能反映出不同人群（如年轻人和老年人）在不同健康条件下的心脏病风险。

通过这种方式，领域知识在特征构造中可以帮助模型更深入地理解数据中的潜在模式，避免了仅凭算法自动生成特征而可能忽略关键因素。结合领域专家的见解，数据科学家可以为模型提供更具解释性和现实意义的特征，增强模型在实际应用场景中的表现力和鲁棒性。

6.2 常用特征构造方法

6.2.1 数学变换与组合

数学变换与组合是特征构造中较常见且基础的方法之一，它们通过对原始数据进行数学运算，生成更具信息价值的特征。这些方法不仅能降低模型的计算复杂度，还能使模型更好地捕捉数据中的重要模式，通过适当的数学变换，原始数据可以被重新表达，从而减少噪声或不相关信息对模型的干扰，提升模型的泛化能力。

例如，对数变换是一种常用的数学变换技术，主要用于处理数据中跨度较大的特征。通过取数据的对数值，可以缩小大值和小值之间的差距，使数据分布更加均匀。这种变换特别适合那些具有广泛分布的特征，如收入、房价等。比如在房价预测中，某些高价房屋的价格可能远远超出普通住宅的范围，如果不对房价进行适当的变换，这些极端值可能会影响模型的表现。通过对数变换，模型可以更加平衡地处理房价数据的波动，避免高价房影响整体模型的预测精度。

线性组合则是通过对多个特征进行加权求和，生成一个新的、综合性的特征，这种方法非常适用于多个特征之间具有一定关联性的情况。线性组合可以帮助数据科学家有效整合多个特征的信息，从而简化模型结构，提高模型对复杂数据的处理能力。

例如，在电子商务平台的用户行为分析中，单独考虑用户的购买次数或浏览次数可能不足以全面反映其活跃度。通过将购买次数与浏览次数加权组合，可以生成一个新的特征——用户活跃度（如：活跃度 $=\alpha\times$ 浏览次数 $+\beta\times$ 购买次数），这一特征能够更综合地反映用户在平台上的参与度。基于此，平台可以更加精准地预测用户的购买倾向，从而进行个性化推荐或营销策略优化。

此外，数学变换和组合不仅限于这些简单的操作，还有更复杂的特征处理方法。例如，数据的归一化和标准化也是常用的数学变换，它们能够将特征缩放到一个统一的尺度，避免特征值范围过大或过小影响模型的学习效率。通过这些数学操作，数据科学家能够从原始数据中提取出更加有意义且便于模型处理的特征，进而提升模型的整体性能。

6.2.2 领域知识与特征交互

特征交互是特征构造中的一种重要技术，它通过将多个特征进行组合，捕捉它们之间的相互作用，以生成更具信息价值的新特征，这种方法不仅能够增强模型对数据复杂性的理解，还可以帮助模型更精准地识别数据中潜在的关联性。特征交互能够揭示多个变量之间的深层次关系，尤其是在不同变量之间存在复杂非线性关联的情况下，特征交互往往能显著提升模型的表现。

在特征交互过程中，领域知识的应用尤为关键。领域专家对数据背后的业务逻辑和实际关系有深入的理解，因此，他们能够有效指导数据科学家选择合适的特征进行组合，构造出更具代表性的新特征，通过引入领域知识，特征交互的过程能够变得更加有针对性，生成的特征也更符合实际应用的需求。

例如，在金融领域，用户的信用评分和贷款历史通常是评估信用风险的关键指标。单独考虑信用评分或贷款历史，可能无法全面反映用户的还款能力或违约风险，然而，通过将这两个特征进行交互，例如计算结合用户信用评分与贷款记录的信用风险指数，可以帮助模型更准确地识别高风险客户。这种特征能够捕捉用户历史行为和当前信用状况之间的关联，为银行等金融机构提供更有力的风险评估工具，从而降低坏账率。

在工业 4.0 的应用中，特征交互也起到了至关重要的作用，工业设备的运行温度和运转时间是两个关键参数，它们之间存在复杂的相互关系。例如，长时间运行的设备往往会导致温度升高，而过高的温度则可能引发设备故障，通过将运行温度和运转时间结合，生成一个综合的设备健康状态指数，可以更加准确地预测设备何时需要维护或维修。这样，企业能够提前采取措施，减少设备故障的发生频率，从而减少停机时间和维护成本，提升生产效率。

总的来说，特征交互不仅能揭示多个特征之间的相互依赖关系，还能通过结合领域知识生成更具实际应用价值的特征。这不仅有助于提升模型的预测精度，还能为各类业务场景提供更丰富的洞察，帮助决策者做出更科学的判断。

6.3 特征构造的实践案例

在实际应用中，特征构造往往是影响模型性能的关键因素。一个模型的最终效果在很大程度上取决于所使用的特征质量，精心构造的特征可以显著提高模型的表现力和预测准确性。特征构造不仅是对原始数据的简单处理，更是对数据背后潜在模式的深层挖掘，通过构建更具代表性的特征，模型可以更好地理解和处理复杂的数据关系。

以金融风控为例，银行通常需要根据客户的历史交易数据来预测其信用风险。在原始数据中，可能仅包含账户余额、交易频率等基本信息，这些信息虽然能反映用户的部分行为，但单独使用它们并不足以全面评估客户的信用状况，通过特征构造，我们可以生成更加复杂且有意义的复合特征。例如，账户余额波动率能够捕捉客户账户资金的稳定性，帮助银行识别是否存在资金异常波动；交易金额与收入比例这一特征则可以衡量客户消费行为与其收入能力的匹配程度，从而更准确地评估客户的还款能力。通过这些复合特征的构建，风控模型能够更全面地判断客户的信用状况，帮助银行规避潜在的贷款风险。

另一个常见的应用场景是自然语言处理（NLP）中的文本分类任务。在这种任务中，简单的词汇统计方法（如词频）无法充分捕捉文本的语义信息，词频仅仅反映了某一词在文本中出现的次数，但忽略了该词在整个语料库中的重要性。因此，模型在面对具有丰富语义信息的文本时，往往表现不足。

为了克服这一限制，特征构造技术如TF-IDF（词频-逆文档频率）应运而生。TF-IDF 通过结合某个词在当前文档中的频率（TF）和该词在整个语料库中的出现频率（IDF），帮助模型区分常见的、无关紧要的词汇（如“的”“和”）与真正有意义的词汇。通过这种特征构造技术，模型能够更加精准地识别文本中的重要词汇，从而大大增强文本分类的准确性和效果。

6.4 新兴特征构造技术

6.4.1 基于图神经网络（GNN）的特征构造

图神经网络是一类专为处理图结构数据而设计的深度学习模型。与传统的神经网络不同，GNN 特别适合处理那些具有节点和边的复杂数据结构。

在图结构中，节点代表实体（如用户、物品、设备等），而边则表示这些实体之间的关系或交互（如社交关系、物品间的关联或设备之间的数据流）。现实生活中的大量的业务数据都可以用图来表示，万事万物皆有联系，节点 + 关系这样一种表示足以包罗万象。图结构能够直观地表达实体间的关系，广泛应用于社交网络分析、供应链管理、生物网络构造等方面。

GNN 的核心优势在于其能够从图结构数据中提取更加复杂且有表现力的特征。传统的模型通常只关注每个实体（节点）本身的特征，而 GNN 则迭代地更新节点特征，捕捉节点与邻近节点之间的相互关系，这使得模型能够充分利用图中存在的复杂依赖关系。通过这种方式，GNN 不仅能理解个体节点的信息，还能综合其与周围节点之间的连接信息，从而生成高维度的特征，用于增强模型的表现。

例如，在社交网络分析中，GNN 可以通过分析用户与好友之间的互动模式，提取出更具信息价值的特征，如社交影响力特征。社交影响力特征不仅取决于用户自身的行为，还与用户好友的行为、用户在社交网络中的地位以及其在网络中的连接性密切相关。例如，如果用户的好友频繁购买某一类产品，GNN 可以通过建模这种行为模式生成一个社交影响力特征，帮助预测该用户是否也有可能购买同类产品。这种特征捕捉了用户行为的群体效应，从而为推荐系统提供了更具参考价值的信息。

此外，GNN 的应用并不限于社交网络。在供应链网络中，GNN 可以用于分析各节点（如供应商、制造商、零售商等）之间的关系，通过捕捉这些节点之间的物流、信息流和资金流，可生成反映供应链运行状态的特征，帮助优化供应链的效率；在生物医学中，GNN 可以用于建模蛋白质相互作用网络，识别蛋白质之间的关联，从而推动药物研发或疾病诊断。

除了上述应用，图神经网络的应用还有在自动驾驶和 VR 领域频繁出现的 3D 点云、智慧城市中的交通流量预测、芯片设计中的电路特性预测、互联网中的算法推荐与风险控制等。

总的来说，图神经网络通过有效地利用图结构数据中的节点和边信息，能够生成比传统模型更丰富的高维特征。无论是在社交网络、供应链管理还是生物信息学研究等方面，GNN 都展现了其强大的特征提取能力，极大地增强了模型处理复杂关系网络的能力，帮助实现更加精准的预测和决策。

6.4.2 多模态数据的特征构造

多模态数据是指来自不同类型或源头的数据模态，主要包括“3V”：即 verbal（文本）、vocal（语音）、visual（视觉）。

人和人交流时的多模态如图 6-1 所示。

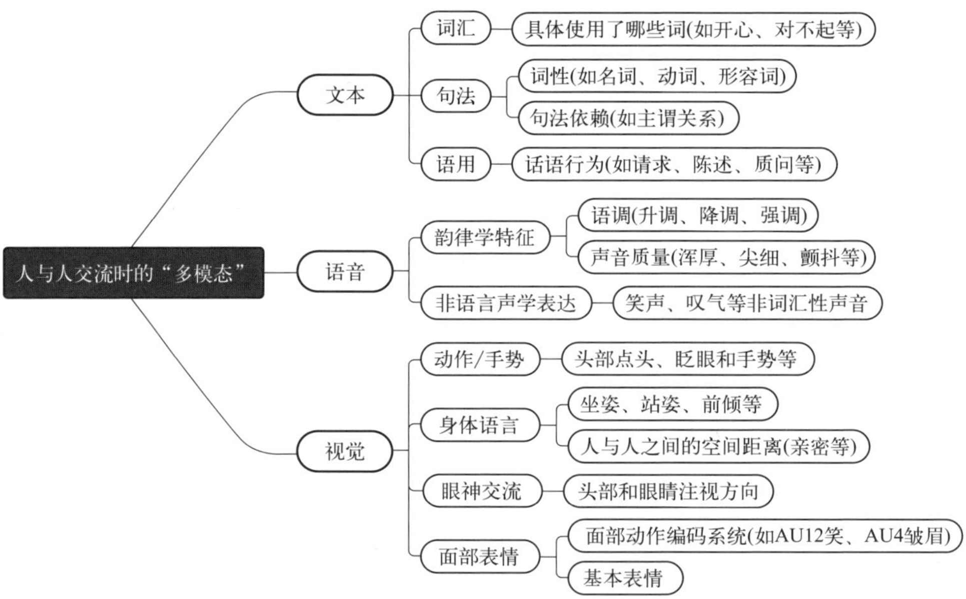

图 6-1 人和人交流时的多模态

在实际应用中，单一模态的数据往往无法全面捕捉复杂场景的全部信息。例如，单独依靠文本可能难以描述一个视觉场景，或者仅依赖语音可能难以完整表达情感。因此，多模态数据融合通过将不同类型的数据结合起来，能够提供更全面的理解和更丰富的特征表示。

在多模态数据的特征构造过程中，不同模态之间的信息往往具有互补性。通过适当的特征融合，可以弥补单一模态的不足，从而生成更加丰富且具表现力的特征。例如，文本数据可以提供描述性的语义信息，图像数据则可以捕捉场景的视觉细节，语音数据能够表达情感和语调，通过将这些模态的数据融合在一起，AI 系统能够形成对整个场景的更完整的理解。

在自动驾驶系统中，车辆通常会依赖多种传感器来感知周围环境，摄像头提供了道路的视觉图像，雷达则可以探测到物体与车辆之间的距离和它们的速度。这两种模态数据相互补充，图像可以识别交通标志、车道线和行人，雷达则能准确测量车辆与障碍物的距离。单独使用其中任何一种模态可能无法为系统提供足够的信息，尤其是在极端条件下（如大雾或强烈反光）摄像头的功能可能受限。通过将摄像头和雷达的数据进行特征融合，可以构造出综合性的环境感知特征，从而帮助自动驾驶系统更准确地识别路况和障碍物，并做出安全的驾驶决策。

Transformer 模型在多模态数据处理中扮演着重要角色，能够高效、准确地处理包含不同类型数据（如图像、文本、音频等）的多模态数据。Transformer 模型依赖于自注意力机制，该机制能够有效地捕捉不同模态数据之间的相互关系和依赖性。Transformer 模型本质上都是预训练语言模型，大都采用自监督学习的方式在大量生语料上进行训练，也就是说，训练这些 Transformer 模型完全不需要人工标注数据。比如，在一段带有文字说明的视频数据中，Transformer 模型可以通过自注意力机制同时关注视频中的视觉线索和文字描述，从而生成一个综合的视频理解特征。这种融合可以增强 AI 系统对场景的理解，使其能够更好地处理复杂的多模态任务，如视频内容分析、语音驱动的图像生成等。

通过自注意力机制，Transformer 模型能够跨越不同模态，识别出文本中的关键语义与图像中的相关视觉信息之间的连接，就像在视频与语音同步的任务中，Transformer 可以自动对齐视频中的动作和语音中的内容，使得系统能够生成连贯的叙述或提升视觉—语音同步效果。正因如此，Transformer 模型在多模态数据处理中的应用越来越广泛，尤其是在需要深度理解复杂场景的任务中，如自然语言描述生成、语义匹配以及情感分析等。

第 7 章　数据转换

数据转换是数据预处理中的关键步骤，通过对原始数据进行数学或逻辑处理，使其适应模型需求，从而提升模型的表现力和准确性。常见的转换方法包括**标准化**（将数据调整到相同尺度）、**归一化**（缩放到固定范围）、**对数变换**（处理长尾分布数据）和**离散化**（将连续数据转化为类别数据）。这些方法可以优化数据分布，使模型更易捕捉重要模式，减少噪声和异常值的影响。

此外，随着技术的发展，**量子计算**和**自适应数据转换**等新兴方法提供了更高效的数据处理途径。量子计算通过超快的运算能力加速复杂数据的转换，而自适应数据转换能够根据数据特性动态选择最优转换策略，进一步提高模型的灵活性与表现力。

总体而言，数据转换在提高模型性能和处理复杂数据中至关重要，新兴技术的加入为数据转换开辟了更多可能性。

7.1 数据标准化与归一化

7.1.1 标准化方法

标准化是数据转换中的一种常用技术，主要作用是将具有不同量纲或单位的特征调整到相同的尺度上。因为在数据集中，不同特征的值可能存在很大差异，某些特征的数值可能特别大（如房价），而另一些特征的数值可能特别小（如房屋面积）。这些差异会导致模型在训练时，偏向于那些数值较大的特征，从而影响模型的准确性。

标准化的目标是将每个特征的数据分布调整为**均值为 0**、**标准差为 1** 的分布，这样，所有的特征都将集中在一个相似的范围内，防止模型因为特征值的大小差异产生偏倚。具体来说，标准化会让数据分布更“对称”，让模型更容易处理不同特征的组合，这种转换通常用于特征的数值范围差异较大的情况，特别是当数据集的分布接近正态分布时，效果尤为显著。

标准化特别适合那些对特征尺度敏感的算法，比如**支持向量机（SVM）**和**线性回归**。这些算法依赖特征间的距离或权重，如果不进行标准化，数值大的特征可能会在计算距离或权重时占主导地位，导致模型无法正确学习到数据的真实模式。例如，在支持向量机中，模型通过计算数据点之间的距离来进行分类，而如果某些特征的数值非常大，模型的分类结果可能会过度依赖这些特征，忽视了数值较小但同样重要的特征。

标准化公式：

$$X_{\text{standardized}} = \frac{X - \mu}{\sigma}$$

式中，X是原始特征值；μ是特征的均值；σ是特征的标准差。通过该公式，数据的均值将调整为0，数据的分布将以标准差为尺度进行伸缩。

应用案例：

假设我们有一个数据集包含两个特征：人的年龄（范围为20～70岁）和收入（范围为20000～100000元）。由于收入的数值比年龄大得多，如果我们直接把这两个特征输入模型，模型可能会偏向收入这一特征，而忽视年龄的影响。

通过标准化，将年龄和收入都调整到类似的范围（均值为0，标准差为1），这样模型在训练时就会同时关注两个特征，避免数值差异带来的偏倚。

7.1.2 归一化技术

归一化是一种常用的数据转换技术，它的目的是将特征值**缩放到一个固定的范围内，通常是[0,1]或[-1,1]**。在不同的特征具有不同数值范围的情况下，直接使用这些原始数据进行训练可能会影响模型的表现，因为某些特征的数值较大，会主导模型的学习过程，而数值较小的特征可能会被忽略。归一化通过缩放数据，使所有特征的数值都在相似的范围内，确保模型能够均衡地学习每个特征。

归一化特别适用于那些需要保持特征间**相对比例**但同时需要将特征限制在固定范围的场景。换句话说，归一化不会改变特征之间的相对大小，而是将它们压缩到一个指定的区间内，这样既保留了特征之间的相对关系，又使得模型更容易处理这些数据。

例如，在神经网络中，输入特征如果没有经过归一化，可能会导致梯度下降算法的效率降低。因为特征值的范围过大时，网络中的权重更新速度可能会变得不一致，进而导致模型训练的收敛速度变慢，甚至无法达到最优解。通过归一化，特征值被压缩到一个较小的区间内，神经网络的权重更新更加稳定，从而加速了模型的训练过程。

归一化公式：

$$X_{\text{normalized}} = \frac{X - X_{\min}}{X_{\max} - X_{\min}}$$

式中，X_{min} 和 X_{max} 分别是特征数据的最小值和最大值。通过归一化，所有的特征值将被压缩到 0 到 1 之间。

应用案例：假设我们有一个包含房价和面积的房地产数据集，房价的范围在 100000 ～ 1000000 元之间，而房屋面积的范围在 50 ～ 300m^2 之间。如果我们直接将这两个特征输入模型，房价的数值范围明显比面积的大得多，模型可能会更关注房价，而忽略面积对预测的重要性。通过归一化处理，房价和面积都被缩放到［0，1］的范围内，这样模型在处理这两个特征时，能够同时考虑它们的影响，而不会偏向任何一个特征。

归一化与标准化的区别：对于初学者来说，归一化和标准化容易混淆。标准化是将数据调整为均值为 0、标准差为 1 的正态分布，适合数据接近正态分布的情况；而归一化是将数据压缩到一个固定的区间，适合需要保持相对大小但对具体分布没有严格要求的场景。归一化尤其在深度学习中应用广泛，因为神经网络通常需要输入的数据处于一个较小的范围内，以保证训练过程的稳定性。

归一化在深度学习中的重要性：在深度学习中，尤其是使用激活函数如 sigmoid 或 tanh 时，输入特征最好归一化到特定范围（如［0, 1］或［-1, 1］），这样可以确保激活函数的输出处于最敏感的区域，从而提高模型的训练效率。此外，归一化还可以帮助减小不同特征之间的数值差异，使得神经网络更容易学习数据中的模式和关系。

7.2 数据变换技术

7.2.1 对数变换与幂变换

对数变换是一种常用的数据转换技术，主要用于处理那些分布不均匀、数值跨度较大的特征。通过对特征取对数值，数据会被拉伸或压缩，会更均匀分布，从而让模型更容易处理这些特征，对数变换通常适用于处理存在**长尾分布**的特征，也就是少数数据点的数值特别大，远远高于大多数数据点的情况。例如，像收入和房价这样的特征，往往在少数情况下会出现极高的值，而这些极值可能会干扰模型的学习过程。

对数变换的主要目的是通过压缩较大的特征值，使得这些极端值对模型的影响变得不那么显著。未经过对数变换的大特征值可能导致模型对这些极值过于敏感，进而导致模型对其他重要特征的忽视。通过对数变换，模型可以更均衡地处理数据中的大值和小值，使得数据分布更加对称，有助于提高模型的表现。

对数变换公式：

$$X_{\log} = \log(X + 1)$$

这里加 1 的目的是避免对 0 值取对数时产生的数学问题，因为对数函数的定义域为正数，0 没有对数值。加 1 确保了数据即使为 0 时也能顺利进行对数变换。

适用场景：对数变换适合处理那些**数值分布偏斜且跨度较大的特征**。例如，在收入分布中，大部分人可能有类似的收入，但少部分人收入非常高，这样的数据在不做处理时，会使模型对极高收入者的特征过度依赖。对数变换通过压缩这些高收入者的特征值，使得模型能够更加均衡地处理各类收入水平。

举个例子，假设我们有一个数据集，其中包含房价数据，房价的分布可能很不均匀，大部分房屋价格在 100000 ～ 500000 元之间，但少数豪宅的价格可能高达数百万甚至上千万元。如果直接将这些房价数据输入模型，豪宅的价格可能会主导模型的学习过程，导致模型对普通房屋的价格预测不准确。通过对数变换，原本非常高的价格会被压缩，使得模型能够更好地平衡处理不同的房屋价格，减少对极高房价的依赖。

为什么对数变换有效？

对数变换有效，是因为它能够将数据中的大数值压缩，而不影响小数值的相对顺序。这种特性使得模型在面对长尾数据时，不至于因极端数据的存在而失去对大多数数据点的有效学习。同时，对数变换还能减少数据的偏度，使得数据的分布更加对称，便于模型更好地捕捉数据的模式。

幂变换是一种用于处理非正态分布数据的转换技术，它通过对数据进行指数变换，将数据的分布调整为更加接近正态分布的形态。正态分布（又称为高斯分布）在许多统计学方法和机器学习模型中具有重要作用，因为这些模型通常假设数据接近正态分布，从而能够更好地进行参数估计和预测。因此，当数据呈现出强烈的偏态分布时（即数据分布的形状不对称），幂变换可以帮助减轻这种偏态，使数据更加对称、平滑，从而提升模型的表现力。

幂变换的作用：幂变换的主要目的是减少数据中的偏度，即减轻数据在分布中的不对称性。偏度会影响模型的学习效果，因为许多模型在面对严重偏态的数据时，可能会难以准确地捕捉数据中的模式。例如，线性回归模型假设数据呈正态分布，如果数据偏离这种分布，模型可能无法正确估计参数，导致预测不准确。幂变换通过改变数据的形态，将其调整得更接近正态分布，从而使模型能够更容易地学习数据中的规律。

幂变换公式：

$$X_{\text{power}} = X^p$$

式中，p 是可调整的幂指数，用于控制特征的变换幅度。

① 当 $p = 0.5$ 时，幂变换相当于取平方根；

② 当 $p = 2$ 时，数据被平方；

③ 当 $p = -1$ 时，幂变换则相当于取倒数。

幂变换适合用于处理**严重偏态分布**的特征，这些特征可能在未转换的情况下会影响模型的性能。例如，在财务数据中，许多变量如销售额、利润等往往具有偏态分布，大部分公司销售额可能集中在较小的范围内，但少数公司可能销售额极高，这种长尾现象会导致数据的偏态。通过幂变换，数据的偏度会被减小，模型能够更好地理解大多数公司的销售情况，而不被极端值主导。

假设我们有一个包含个人月收入的数据集，大多数人的收入集中在中低收入范围，而少数高收入者的收入非常高，形成了数据中的长尾。这种偏态分布可能会影响模型在预测整体收入趋势时的表现。通过对收入数据进行幂变换，我们可以减轻这种偏态，将长尾部分压缩，从而让模型更好地捕捉到数据中普遍存在的模式。

幂变换与对数变换有相似之处，二者都用于减小数据的偏度，使数据分布更为对称。它们的区别在于，对数变换是一种特殊的幂变换，适用于处理数值跨度特别大的数据，特别是那些受极值影响较大的特征。幂变换则更加灵活，可以通过选择不同的指数值 p 以适应不同类型的数据分布，因此在处理各种程度的偏态数据时更加通用。

7.2.2 离散化与二值化

离散化和二值化是数据预处理中常见的两种转换技术，它们的目标是简化连续特征或复杂特征，使模型更容易处理数据，并提升模型的效率。

离散化：离散化是将连续的数值特征转化为离散的类别特征，即将数值范围分割为若干个区间，并将每个区间视为一个类别。这样做的好处是，某些情况下，模型并不需要处理非常精确的连续值，转而只需关注大致的类别划分。例如，在处理年龄数据时，精确的年龄可能不如年龄段（如“青年”“中年”“老年”）对模型的预测更加有效。通过离散化，可以简化特征，减小计算复杂度，同时也能增强模型对分类任务的解释能力。

离散化方法有很多，其中，等距离散化和等频离散化是较常用的两种：

① 等距离散化：将数据按值的区间等距划分，每个区间的数值范围是相等的。这种方法适合那些数值本身均匀分布的数据。

② 等频离散化：根据数据的分布频率来划分区间，确保每个区间中的数据数量大致相等。此方法适用于数据分布不均匀的情况，能够让每个类别包含的样本数量更加平衡。

离散化通常用于那些对精确数值不敏感的任务，或者模型更容易处理离散类别的场景。一个典型的应用是在客户细分中，客户的消费金额可以被离散化为“高消费”“中消费”“低消费”三个类别。通过这种方式，模型能够更直观地捕捉客户的消费特征，有助于进行市场分析和个性化推荐。

假设我们有一个客户消费金额的数据集，消费金额从100元到10000元不等。通过等距离散化，可以将消费金额分为三个区间，例如：100 ～ 3000元为“低消费”，3001 ～ 7000元为“中消费”，7001 ～ 10000元为“高消费”。这样一来，模型可以更清楚地识别不同类别的消费群体，而不需要处理精确的消费数值。

二值化：二值化则是将**连续或类别特征**转换为**二元值**，即0或1，通常用于分类问题或特征选择，尤其是处理文本或者图像数据。二值化的核心思想是为特征设置一个阈值，当特征值超过该阈值时，标记为1；当特征值低于该阈值时，标记为0。这种转换方式特别适合那些只关心某个特征是否存在的场景，例如文本分类中的词袋模型，其中，每个单词的出现或不出现被表示为1或0。

在一个文本分类任务中，假设我们要判断某些单词是否出现在文章中，可以使用二值化将每个单词的出现情况编码为1或0。例如，如果单词“AI”出现在文档中，则表示为1；如果没有出现，则表示为0。通过这样的二值化处理，文本被转化为可以输入模型的特征向量，从而帮助模型进行分类。

虽然离散化和二值化都是用于特征转换的方法，但它们的适用场景有所不同，如表7-1所示。

表7-1　离散化与二值法的对比

离散化	二值化
将连续特征转化为多个类别，通常用于那些不需要非常精确数值的任务，如客户分类或市场分析。它可以简化模型训练过程，并增强数据的可解释性	将特征简化为两个值（0或1），常用于二元分类或特征是否存在的判断，常见于文本处理中的词袋模型和特征选择

7.3 新兴数据转换技术

7.3.1 基于量子计算的数据变换

随着量子计算的发展，基于量子计算的数据变换技术正逐渐成为前沿研究的热点之一。量子计算凭借其强大的并行计算能力，能够在极短时间内处理高维复杂数据，这在传统计算中难以实现。通过量子计算，复杂的操作如矩阵运算、傅里叶变换等可以在指数级的速度提升下完成，这为应对大规模数据集和实时处理任务提供了全新的技术途径。

量子计算的优势在于其独特的计算模型，它基于量子位和量子叠加、纠缠等物理特性，与经典计算机依赖比特处理数据的方式完全不同。量子计算可以同时处理多个状态的数据，而不是依次处理每个状态，因此，在处理高维数据时，它具备潜在速度优势。这使得量子计算特别适用于解决传统计算难以处理的复杂问题，例如在大规模数据集上进行特征提取、降维或数据转换。

量子变换的主要特点是其计算速度的极大提升。在传统计算中，随着数据维度的增加，处理时间往往呈指数级增长。而在量子计算的帮助下，这些问题的解决时间可以被大幅缩短。例如，经典计算中的傅里叶变换（用于信号处理、图像分析等）在数据规模较大时可能需要较长时间处理，而量子傅里叶变换（QFT）能够在更短的时间内完成相同的任务，从而极大地加速特征提取和数据处理过程。

应用前景：量子计算的数据变换技术具有广泛的应用前景，尤其在金融、图像处理和大规模数据分析等领域。

（1）金融领域

金融市场中充满了海量的数据，如股票价格、交易量、市场波动率等，这些数据需要实时处理和分析以进行风险控制、投资决策等。通过量子计算，可以在极短的时间内完成高维数据的特征提取和预测任务，帮助金融机构优化决策过程。比如，量子傅里叶变换能够迅速分析金融时间序列数据，捕捉市场变化的关键模式，进而提高风险预测的精度和速度。

（2）图像处理

在图像处理任务中，数据通常以高维矩阵的形式存在，处理这些数据需要大量的计算资源。传统图像处理算法在面对高清图像或视频时，计算效率可能较低，而通过量子计算进行图像变换和特征提取，能够显著提升计算速度。比如，量子傅里叶变换可以被应用于压缩和增强图像处理，尤其在实时视频流的处理和分析中，这种加速效果尤为明显。

（3）大规模数据处理

随着大数据时代的到来，企业和科研机构面对的数据集规模越来越庞大，传统计算方法在应对这些数据时往往面临计算瓶颈。量子计算的并行处理能力使其能够更高效地处理海量数据集，例如在医疗数据、交通网络或物联网数据处理中，量子计算可以更快地完成数据的预处理和转换，从而提升后续分析或模型训练的效率。

总结：量子计算的崛起为大规模数据处理带来了革命性变化，尤其在数据变换方面，量子计算展现出传统计算无法企及的速度优势。随着量子计算技术的不断成熟和普及，它将在金融、图像处理、医学研究和其他高维数据处理领域中发挥越来越重要的作用。未来，基于量子计算的数据变换技术将成为解决复杂计算问题、处理海量数据的关键工具。

7.3.2 自适应数据变换方法

自适应数据变换是一种基于智能算法的动态数据预处理技术，旨在根据输入数据的统计特征与模型反馈，灵活调整最适合当前任务的数据变换策略。与传统固定变换方法不同，传统固定变换方法通常依赖静态的参数设定（如统一归一化范围或标准化均值、方差），而自适应数据变化方法可在训练或推理过程中动态响应数据分布的变化，实现更具弹性的特征处理。

该技术的核心在于实时监测数据特征分布，并据此判断所需的变换方式。当数据呈现出明显的偏态分布、异方差、波动或离散化倾向时，系统可自动选择对数变换、幂变换等非线性策略，以缓解分布偏斜或增强特征表达；而在数据幅度相对平稳、分布较为均匀的场景中，则可优先采用归一化、标准化等线性变换方式，以保持特征尺度一致性。

此外，自适应数据变换还能利用模型性能反馈（如损失函数变化、梯度稳定性等）辅助调整策略，进一步提高变换策略与学习目标之间的耦合度。相比于传统静态预处理流程，这种机制更适合应对数据分布随时间、场景或任务演化而不断变化的实际问题。

通过引入自适应变换机制，模型在面对高动态、非平稳数据集时能够保持输入特征的稳定与表达效率，进而提升泛化能力、鲁棒性与预测准确性。该方法已在金融、工业监测、医学影像和在线推荐等对数据敏感性要求较高的场景中展现出较高的实用价值。

自适应数据变换的应用案例如下。

（1）金融市场预测

金融市场数据往往呈现出高度波动性，尤其是在市场发生剧烈波动或危机时，数据的分布和趋势可能迅速发生变化。在这种情境下，固定的数据变换方法可能无法及时应对数据波动，导致模型预测失误。

自适应数据变换技术能够在金融市场预测中发挥重要作用。例如，当市场波动性增强时，系统可以自动识别数据的变化，并选择更合适的变换策略，如用对数变换来处理极端波动，或者调整归一化的范围，以确保模型输入数据的分布始终保持合理和稳定。这样，模型能够更好地应对市场的剧烈变化，保持预测的准确性。

（2）动态定价系统

在电商平台或航空公司的动态定价系统中，价格数据会受到多种因素的影响，如市场需求、竞争对手定价、库存水平等。这些因素可能会导致价格数据在不同时间段的分布发生变化。如果使用固定的归一化或标准化方法来处理这些价格数据，可能会导致模型忽略某些关键变化信息。

自适应数据变换技术能够在数据发生变化时，自动调整变换方式。例如，当市场需求剧增时，系统可以采用幂变换来处理价格波动，确保模型能够捕捉到价格变化的趋势；当竞争环境相对稳定时，系统可以回到常规的归一化方法，使得模型能够保持稳定的性能。

（3）医疗数据分析

在医疗数据处理中，患者的生理指标（如血糖、血压等）可能在治疗过程中发生显著变化，而不同患者的病情发展速度和模式也会有所不同。传统的固定数据变换方法可能无法应对这些个体差异，导致模型无法对不同患者的病情做出准确的预测。

自适应数据变换技术可以根据患者的个体数据实时调整数据处理方式。例如，当患者的血糖水平出现波动时，系统可以自动调整特征的归一化范围，确保模型输入的特征具有足够的辨识度。这种动态调整有助于提高个性化医疗模型的预测准确性。

第8章 降维技术

8.1 降维的意义

8.2 主成分分析（PCA）

8.3 t-SNE

8.4 其他降维方法

8.5 新兴降维技术

降维是关键数据处理技术，尤其在处理高维数据时，可简化数据结构、提高模型效率、便于可视化，能解决维度灾难。其主要用途包括简化模型、降低计算复杂度、增强数据可视化效果。合理使用降维技术可减少数据复杂性、提升模型性能与可解释性。本章将介绍常用降维方法及实际应用。

8.1　降维的意义

什么是降维技术？

降维技术是一种通过减少数据维度而保留其主要特征的技术，它的核心思想是，在不显著丢失数据中关键信息的前提下，将数据中的多个特征压缩到较少的几个维度。这种方法不仅降低了数据的复杂性，还使得我们可以通过可视化手段来观察数据的分布情况。

8.1.1　降维对计算复杂度的影响

随着数据维度的增加，模型的计算复杂度也会大幅提升。这种现象被称为维度灾难。简单来说，维度指的是数据集中有多少个特征（也称为变量）。每增加一个特征，模型在训练和预测时需要处理更多的组合和关系，计算量随之增加。比如，在处理一个有 1000 个特征的数据集时，模型需要分析每个特征及其与其他特征的关系，这会显著增加计算成本，导致模型训练和预测的时间更长，资源消耗也更大。

计算复杂度是指模型在训练和预测时所需的计算资源和时间。随着数据维度增加，计算复杂度也会呈指数级上升，这意味着处理高维数据需要更多的时间和更大的计算能力。例如，如果有一个包含 1000 个特征的数据集，模型需要考虑每个特征如何影响结果，并且还要分析它们之间的交互，这不仅让模型训练变得非常慢，还会消耗大量内存和存储空间。

降维是用来解决这一问题的技术。它的基本思路是，通过某些算法将数据中的特征减少到一个较小的集合，但同时尽量保留数据的主要信息和特征。通过这种方式，降维技术能够显著减少模型需要处理的特征数量，降低计算复杂度，从而加快模型的训练和预测速度。无关紧要或随机的特征被称作噪声，它们可能会让模型产生错误的推断。降维通过去除这些不必要的特征，可以提高模型的准确性。降维的好处还不仅限于加速计算。通过减少特征数量，模型也更容易找到数据中的主要模式，并且减少了噪声对模型的干扰。

举个例子，假设我们有一个包含 1000 个特征的数据集，在这个数据集中，可能只有几十个特征对模型的输出有重要影响，其余特征可能是冗余的或无关的。如果我们通过降维技术将特征数量从 1000 个减少到 50 个，模型不仅能更快地训练，还能减少对算力和存储的需求。

8.1.2 降维与数据可视化

高维数据的可视化是一个很大的挑战，因为我们无法在三维以上的空间中直接展示数据。在日常生活中，我们习惯了二维和三维的图形，比如平面图和立体图，但当数据具有超过三维的特征时，我们就无法用肉眼直观地看到它的结构和模式。为了应对这一问题，降维技术应运而生，它可以将高维数据压缩到二维或三维空间中，使得数据能够通过图形进行可视化，从而帮助我们更好地理解数据。

通过降维，我们可以将高维数据映射到二维或三维空间中，并用图形展示。例如，如果有一个包含许多特征的数据集，降维后可以用二维的散点图展示每个数据点，在散点图中，每个点代表一个数据样本，点与点之间的距离表示它们的相似性或差异性。如果降维结果保留了数据中的主要信息，那么相似的样本会聚集在一起，而差异较大的样本会分布在不同的位置。

在聚类分析中，研究人员常常需要判断数据是否可以分成若干组。通过降维后的二维或三维图形，研究人员可以直观地看到数据是否呈现出明显的分组现象，如果数据点在图中自然形成了几个独立的簇，那么这就暗示数据可以被分成多个类。类似的，可视化技术也常用于异常检测，通过观察哪些点偏离了数据的主要分布，可以快速发现异常数据。

8.2 主成分分析（PCA）

8.2.1 PCA 的基本原理

主成分分析（principal component analysis，PCA）是一种经典的无监督降维

方法，广泛用于特征压缩、数据可视化与噪声消除。其核心思想是在高维特征空间中，通过线性变换寻找一组新的正交坐标轴（称为主成分），这些轴是原始特征的线性组合，能够尽可能多地保留原始数据中的方差信息。

PCA 的实现步骤包括：

① 数据中心化：将每个特征减去其均值，使数据以原点为中心。

② 计算协方差矩阵：捕捉特征间的线性相关性。

③ 特征值分解或奇异值分解（SVD）：从协方差矩阵中提取特征值与对应的特征向量。

④ 选择前 k 个主成分：依据特征值的大小排序，选取方差较大的若干方向。

⑤ 投影与降维：将原始数据投影到所选主成分上，形成低维表示。

在这组主成分中：

① 第一主成分表示数据变化最大的方向；

② 第二主成分与第一主成分正交，表示次大的变化方向；

③ 后续主成分依次排列，每个主成分均与前面的主成分正交。

通过仅保留前几个主成分，就可以在显著压缩数据维度的同时，保留绝大部分信息，从而提升建模效率、降低噪声影响，并增强模型的泛化能力和可解释性。

以一个二维数据集为例，特征为身高和体重。PCA 通过分析这两个特征的联合变化，识别它们的主变化方向。由于身高和体重通常呈正相关，PCA 可能发现它们可以被一个新的特征（如身高与体重的加权组合）所表示。这一新方向就是第一主成分，它在数学上是这两个特征的线性组合。通过用该主成分替代原始两个特征，不仅减少了维度，还提取了对建模有用的信息。

PCA 特别适用于那些特征之间存在一定相关性的数据集，特别是在处理高维数据时，PCA 是首选的降维方法之一。当数据中存在许多相互关联的特征时，PCA 能够通过降维去除这些冗余特征，并提取出最重要的变化模式，这种方法不仅能提高计算效率，还能帮助减少噪声，提高模型的稳定性和泛化能力。

8.2.2 PCA 在实际中的应用

（1）图像处理

在图像处理中，每张图片通常由数千甚至数百万个像素点组成，这意味着图像是一个高维数据集。PCA 可以通过分析图片中像素的变化，将这些高维像素数据压缩为少量的主成分，从而显著减少数据量。**图像压缩**和**降噪**是 PCA 在图像处理中的典型应用，通过 PCA 压缩后，虽然数据维度减少了，但图像的主要信息依然被保留，图像分析的效率得到了大幅提升。

（2）金融分析

金融市场中的数据往往是高维的，例如股票、债券、市场指数等都包含大量的相互关联因素。PCA 能够进行投资组合的风险管理，通过减少大量相互关联的市场因素，提取出几个主要的风险因子，这些风险因子是市场中较重要的变量，影响着整个投资组合的波动性和收益。通过 PCA，投资者可以简化分析，专注于少数关键因素，从而更好地理解和管理风险。

（3）基因组数据分析

基因组数据常常包含成千上万个基因的表达水平，这种高维数据的分析非常复杂。PCA 可以用来降低基因组数据的维度，提取出那些对某种疾病或生物过程较具影响力的基因，通过这种方法，研究人员可以更快速地识别出关键基因，从而理解疾病的机制或开发新的治疗方法。

8.3 t-SNE

8.3.1 t-SNE 的基本原理

t-SNE（t-distributed stochastic neighbor embedding，七分布随机领域嵌入）是一种**非线性降维方法**，专门用于高维数据的可视化。它的主要目标是将高维数据映射到低维空间（通常是二维或三维），以便我们能够通过图形直观地观察数据的结构。

与传统的降维方法（如 PCA）不同，t-SNE 更注重保持局部邻域关系，即相似的数据点在低维空间中仍然保持靠近，而不相似的数据点则被推远。通过这种方式，t-SNE 能够突出显示数据中的局部模式，使得我们更容易发现数据中的聚类或隐藏的结构。

首先，理解什么是非线性降维很重要。传统的降维方法，如 PCA，基于线性变换，假设数据的结构可以通过直线或平面来描述，然而，真实世界中的很多数据具有复杂的非线性结构，这种结构无法通过简单的线性方法来解释。非线性降维方法像 t-SNE，能够更好地处理这类复杂数据，因为它不依赖于直线或平面描述，而是通过分析数据点之间的距离和相似性来保留数据的局部关系。

t-SNE 的核心思想是保持数据点之间的局部相似性。简单来说，t-SNE 会分析高维空间中每个数据点的“邻居”（即那些与它距离较近的数据点），然后在低维空间中试图保持这些邻居的关系不变。也就是说，t-SNE 会让相似的数据点在低维空间中彼此靠近，而不相似的数据点则保持远离。这种方法使得 t-SNE 特别适合发现数据中的局部模式和聚类结构。

t-SNE 的过程类似于将一群在高维空间中的点（如在 100 维空间中的点）投影到二维空间。虽然我们无法直接在二维空间中保持所有高维信息，但 t-SNE 会尽可能保留那些在高维空间中彼此靠近的数据点之间的关系。换句话说，t-SNE 关心的是相似的数据点要继续保持在一起，而不是关注全局的距离结构，通过这种方式，t-SNE 可以让我们在低维空间中清晰地看到数据的局部聚类情况或群体结构。

举个例子，假设我们有一个包含数千个特征的数据集，这些特征可能是不同图像的像素值或文本中的词向量。t-SNE 可以将这个高维数据集映射到一个二维平面上，在这个平面中，如果两个数据点（如两幅图像或两个文本片段）在高维空间中非常相似，它们在二维平面中也会非常接近。反之，如果两个数据点在高维空间中差异很大，它们在二维平面上就会相隔较远。通过这种可视化，研究人员可以快速识别数据中是否存在某些群体或聚类。

8.3.2 t-SNE 在高维数据中的应用

t-SNE 被广泛应用于可视化神经网络中学习到的**高维特征**，尤其是在深度学习中的卷积神经网络（CNN）中，t-SNE 能起到非常直观的作用。在 CNN 中，数据经过多层处理后，隐藏层会生成一些高维的特征表示，这些特征对模型的最终预测非常重要。然而，由于这些特征处于高维空间，研究人员无法直接观察它们的结构，t-SNE 通过将这些高维特征降维到二维或三维空间，可以通过图形展示这些特征的**聚类结构**，从而让研究人员更好地理解模型的内部工作机制。

t-SNE 不仅限于神经网络的特征可视化，它还被广泛用于处理其他类型的高维数据，如图像、文本和基因组数据。这些数据集往往具有非常高的维度，直接处理或可视化这些数据是非常困难的。t-SNE 可以帮助研究人员将这些复杂的高维数据降维，并通过可视化展示数据的结构或模式。

① 图像数据：在图像数据分析中，t-SNE 常用于降维可视化，帮助研究人员理解图像数据的分布。例如，可以通过 t-SNE 将一批图像的特征向量降维到二维空间，观察图像是否根据类别自然聚类。

② 文本数据：在自然语言处理（NLP）中，t-SNE 可以用于降维、可视化词向量，通过 t-SNE 降维，研究人员可以直观地看到具有相似意义的词汇是否在低维空间中彼此靠近，从而验证词向量的效果。

③ 基因组数据：基因组数据通常包含数千个基因表达水平，是非常典型的高维数据。t-SNE 可以帮助研究人员将这些基因组数据投影到低维空间，从而发现不同样本之间的分组结构，比如癌症和非癌症样本是否在低维空间中自然分离。

t-SNE 的作用：t-SNE 的主要作用是通过降维，使得复杂的高维数据能够以直观的方式呈现出来。通过这种可视化，研究人员可以发现数据中的聚类、分组以及潜在的模式，这对于数据探索和理解非常有帮助，尤其是在数据分析和深度学习任务中，t-SNE 可以帮助识别模型可能存在的不足之处，或者验证模型是否已经成功学习到了数据中的重要模式。

t-SNE 在高维数据集的可视化中起到了重要作用，尤其在神经网络的特征表示和图像、文本、基因组数据的降维分析中。通过将高维数据投影到低维空间，t-SNE 能够直观展示数据的聚类和分布结构，帮助研究人员发现数据中的潜在规律和分组，这种技术不仅提高了数据的可解释性，还为改进模型提供了有力支持。

8.4 其他降维方法

8.4.1 线性判别分析（LDA）

线性判别分析（LDA）是一种**有监督的降维方法**，主要用于数据降维和分类任务。与无监督降维方法（如 PCA）不同，LDA 在降维的同时考虑了类别标签信息，这使得它在处理分类问题时特别有效，LDA 的主要目标不仅是降低数据的维度，还要**提高不同类别之间的区分度**，从而增强分类模型的效果。

LDA 的核心任务是找到一个最优的投影方向，使得投影后的数据在低维空间中，**同类样本分布尽可能紧密**，而**不同类样本分布尽可能远离**。换句话说，LDA 通过将数据投影到一个较低维的空间中，使得各类数据之间的差异最大化，同时类内数据之间的差异最小化。这一过程不仅简化了数据结构，还增强了类别之间的区分性，从而提高了分类的准确率。

LDA 的工作原理可以分为以下几个步骤：

① 计算类内散布矩阵和类间散布矩阵：LDA 首先计算类内散布矩阵，用于度量各类别内部样本相对于其类别均值的离散程度；同时计算类间散布矩阵，用于衡量各类别均值相对于全局均值的分布差异。

② 找到最优投影方向：LDA 通过求解一个优化问题，最大化类间散布与类内散布之比，从而找到能够最有效区分各类别的投影方向。这样可以使同类样本在投影后尽量聚集，不同类别的样本尽可能分离。

③ 数据投影到低维空间：在找到最佳投影方向后，LDA 会将高维数据投影到一个较低维的空间，通常是二维或三维。这一过程不仅减少了特征维度，还增强了数据的可分性，有利于后续的分类任务。

假设我们有一个分类任务，其中需要识别两类物体（如“苹果”和“橙子”）。数据集中每个物体的特征包括颜色、重量、大小等多个维度。通过 LDA 分析，我们可以找到一个最佳投影方向，使得苹果的数据点在投影后更接近彼此，而橙子的数据点也聚集在一起，同时，苹果和橙子的投影点之间的距离尽可能大。通过这种方式，LDA 不仅降低了数据的维度，还增强了不同类别之间的差异，使得分类任务更加容易。

LDA 在需要分类的任务中应用广泛，尤其是在**模式识别**和**分类**任务中。例如：

① 面部识别：在面部识别任务中，每张人脸图片可以包含数千个像素点作为特征。LDA 可以将这些高维数据压缩到较低的维度，同时增强不同面部特征之间的区分度，从而提高面部识别的准确率。

② 文本分类：在自然语言处理中，LDA 可以用于文本分类任务。通过 LDA 将高维的文本特征向量（如词频或 TF-IDF 表示）降维，模型可以在较低维的空间中进行分类，同时保留文本中的关键信息。

③ 医学诊断：LDA 也广泛用于医学数据分析，如疾病分类或诊断任务。通过将患者的高维体检数据降维，LDA 可以帮助医生更好地识别不同病症之间的差异。

8.4.2 非负矩阵分解（NMF）

非负矩阵分解（NMF）是一种专门用于处理**非负数据**（即所有数值均为非负的数据，例如图像和文本数据）的降维方法。NMF 的核心思想是将原始数据矩阵分解为两个较小的**非负矩阵**，它们的乘积能够近似还原原始数据。通过这种分解，NMF 可以有效地实现数据降维，同时保留数据的主要特征和模式。

矩阵分解是一种将一个矩阵分解成多个更小矩阵的数学方法。NMF 是一种特殊的矩阵分解方法，它要求所有矩阵中的元素必须是非负的（即不包含负值），在 NMF 中，原始数据矩阵 $\boldsymbol{V}$ 被分解为两个非负矩阵 $\boldsymbol{W}$ 和 $\boldsymbol{H}$，即：

$$\boldsymbol{V} \approx \boldsymbol{W}\boldsymbol{H}$$

式中，$\boldsymbol{V}$ 是原始数据矩阵，包含所有数据的非负特征；$\boldsymbol{W}$ 是基矩阵，表示不同特征的组合；$\boldsymbol{H}$ 是系数矩阵，表示特征的重要性或权重。

通过这样的分解，NMF 能够将高维数据映射到低维空间中，同时保留了数据的核心信息。

NMF 的目标是在分解过程中保留数据的主要特征，同时确保分解后的矩阵保持非负性。这一特点使 NMF 特别适用于那些只包含正值的数据集，例如：图像数据中像素值通常是非负的；文本数据中词频或词向量也是非负的。

在 NMF 中，分解后的矩阵 $\boldsymbol{W}$ 可以被看作**特征矩阵**，描述了数据中的不同特征模式，而 $\boldsymbol{H}$ 则代表了这些特征在不同数据样本中的权重。通过这种分解，原始数据中的高维特征得到了简化，可帮助我们更好地理解数据的内在结构。

举个例子，假设我们有一个文本数据集，其中，每篇文档都可以通过词频矩阵来表示。每一行代表一篇文档，每一列代表一个词，矩阵中的值表示该词汇在文档中出现的频率，这个矩阵通常维度很高，因为文档可能包含成千上万个不同的词。通过 NMF，我们可以将这个高维矩阵分解为两个较小的非负矩阵：

一个矩阵代表文档的不同**主题**（如体育、科技、娱乐等），即每个主题的词汇组合。另一个矩阵表示每篇文档中不同主题的**权重**，即每篇文档与各个主题的相关性。

通过这种方式，NMF 不仅可以降低数据的维度，还能够提取出数据中的主要**特征模式**（例如文本中的主题），从而帮助我们进行文本分类、主题提取等任务。

NMF 的应用场景：

① 图像处理。在图像处理中，NMF 可以将图像的像素矩阵分解为两个非负矩阵，从而实现降维和特征提取。例如，每张图像可以通过像素的组合表示，而这些组合可能是图像中的基本构件（如边缘、角落或纹理），通过 NMF 分解后的特征矩阵，图像处理算法可以更加高效地进行图像压缩、去噪等任务。

② 文本分析。NMF 在文本挖掘中的一个经典应用是主题提取，通过对文档的词汇矩阵进行分解，NMF 可以提取出文档中的主要主题。例如，在一批新闻文章中，NMF 可以识别出体育、政治、科技等不同的主题，每个主题由相关词汇组成，然后，通过 NMF 分解后的系数矩阵，我们可以了解到每篇文档与每个主题的关联度。这种方法在文本分类、情感分析等任务中非常有用。

③ 推荐系统。在推荐系统中，NMF 可以用于用户的项目评分矩阵的分解。通过将用户的项目评分矩阵分解为两个矩阵，系统可以提取出用户的偏好特征以及项目的属性特征，通过匹配用户和项目的特征，可以更准确地进行个性化推荐。

PCA、LDA 与 NMF 的对比如表 8-1 所示。

表 8-1　PCA、LDA 与 NMF 的对比

PCA	LDA	NMF
PCA 没有非负性约束。PCA 通过线性组合进行降维，可能会产生负值，PCA 是一种无监督的降维方法，主要关注数据的总体方差，它通过提取数据中变化最大的方向进行降维，但不考虑数据的类别信息。PCA 的目标是减少维度的同时尽可能保留数据的整体信息	LDA 是一种有监督的降维方法，主要用于分类任务，它在降维时会考虑类别信息，专注于最大化类别间的区分度。LDA 的目标不仅是降低维度，还希望增强不同类别之间的区分性，从而提高分类效果	NMF 要求所有数据都保持非负性，这使得 NMF 特别适合处理具有非负性约束的数据（如图像和文本数据）。NMF 是一种无监督方法，专注于特征提取和降维。NMF 更注重从数据中提取出隐藏的结构，如文本中的主题。非负矩阵分解（NMF）是一种专门用于非负数据的降维技术，通过将高维数据分解为两个较小的非负矩阵，NMF 能够提取出数据中的关键特征，并在保持非负性的前提下实现降维。它在图像处理、文本分析和推荐系统等领域中应用广泛，特别适合那些只包含正值的高维数据集。NMF 的特点在于它不仅能够降低数据维度，还能够揭示数据中的隐藏模式和结构，如图像中的基本构件或文本中的主题

8.5 新兴降维技术

8.5.1 基于深度学习的降维方法

自编码器是一种基于神经网络的非线性降维方法，特别适合处理复杂的高维数据。自编码器由两个主要部分组成：**编码器**和**解码器**。编码器的任务是将输入的高维数据逐步压缩到低维空间，这一过程可以看作数据的降维；解码器则试图从这些低维表示中重建原始数据。通过这种方式，自编码器不仅实现了降维，还学习到了数据中的复杂非线性关系。

自编码器与传统的降维方法（如 PCA）的最大区别在于，它能够通过神经网络捕捉到数据中的**非线性结构**，这使得自编码器非常适合处理大规模的复杂数据集，如图像、音频和文本数据。例如，在图像处理任务中，使用自编码器可以将高维的像素信息压缩成一个较小的低维表示，同时保留图像中的主要特征。

应用案例：

① 在图像处理任务中，自编码器可以用来实现图像降噪，通过训练一个自编码器，网络能够学会在不损失重要特征的情况下，去除图像中的噪声。

② 在文本处理中，自编码器能够帮助生成简洁的文本特征表示，用于情感分析或文本分类等任务。

8.5.2 非线性降维技术

UMAP 是一种新兴的非线性降维技术，近年来在数据科学领域得到了广泛应用。UMAP 的目标是通过**保留数据的局部和全局结构**，将高维数据有效地映射到低维空间，与其他降维方法相比，UMAP 在处理大规模数据集时表现得更加高效。它通过分析数据点之间的局部相似性和全局结构，能够更好地保持原始数据中的几何结构。

与 t-SNE 类似，UMAP 也是一种非常强大的数据可视化工具，但它在计算效率上比 t-SNE 更高，特别适用于需要高效处理和分析的大数据集。UMAP 被广泛应用于**生物信息学、自然语言处理**等领域，能够帮助研究人员通过可视化发现数据中的潜在模式和分组结构。

应用案例：

① 在生物信息学中，UMAP 可以用于基因组数据的降维和可视化，帮助科学家发现不同样本之间的相似性或差异性。

② 在自然语言处理任务中，UMAP 可以用于降维和可视化词向量，直观展示文本数据中的分类或聚类结构。

降维技术在现代数据科学中具有重要意义。通过降维，复杂的高维数据可以被简化为低维数据，帮助提升模型的效率、降低计算复杂度，并增强数据的可视化效果。传统的降维方法（如 PCA、t-SNE）和基于深度学习的自编码器、UMAP 等新兴技术，都在不同的应用场景中展示了其独特的优势。无论是降低数据的维度还是揭示数据中的隐藏模式，降维技术为处理大规模和复杂数据集提供了强大的工具，成为数据分析和机器学习中不可或缺的一部分。

第 9 章　文本特征工程

文本特征工程在自然语言处理中至关重要，其核心任务是将非结构化的文本数据转化为机器学习模型能够处理的数值特征。因为计算机无法直接理解文本，所以这一过程为文本分类、情感分析等任务提供支持。

9.1 自然语言处理中的特征工程

9.1.1 NLP 中特征工程的重要性

特征工程在自然语言处理中至关重要，它直接影响模型能否准确理解文本并做出有效的预测。由于文本数据是**非结构化**的，计算机无法直接处理这些数据，因此，特征工程的核心任务是将文本转化为**结构化的数值形式**，供模型使用。通过特征工程，模型能够从文本中捕捉有意义的**模式**和**语义信息**，从而在文本分类、情感分析、机器翻译等任务中表现出色。

例如，在**垃圾邮件检测**任务中，特征工程能够识别出垃圾邮件中特有的关键词或短语（如“中奖”“点击链接”），帮助模型更准确地区分垃圾邮件和正常邮件。高效的特征工程不仅能提高模型的分类准确率，还能减少误判，使模型在复杂的文本环境中保持稳健性。

9.1.2 NLP 中的常用特征

在 NLP 任务中，文本特征是用于描述和分析语言数据的基础，通过这些特征，模型可以理解和处理文本。常见的文本特征分为以下几类。

（1）词汇特征

词汇特征是最基础的文本特征，直接来自文本的词汇本身。通常通过统计每个词在文本中出现的频率，或简单判断词是否出现（布尔值）来构建这些特征。词汇特征能够反映文本的词汇组成，但它们无法捕捉到词与词之间的关系或上下文。

举例：如果在文章中，词“苹果”出现了 5 次，“橙子”出现了 3 次，我们可以将这些信息作为词汇特征传递给模型，用来描述文章的内容。

（2）句法特征

句法特征是关于词的语法角色和结构，包括词的**词性**（如名词、动词、形容词）和词语在句子中的**句法关系**，了解词的语法角色有助于模型更准确地理解句子的结构和意思。通过标注词性，模型可以识别哪些词是动作（动词）、描述（形容词）或实体（名词），从而更好地解读句子的含义。

举例：在句子“猫在睡觉”中，词性标注将告诉模型“猫”是名词，“睡觉”是动词。这些信息有助于模型区分句子中的行为和主体。

（3）语义特征

语义特征旨在捕捉词与词之间的**语义关系**。通过使用**词嵌入技术**（如**Word2Vec**、**GloVe**、**BERT**），每个词被映射到一个**向量空间**，其中，距离相近的词表示语义相似。这些技术能够帮助模型理解不同词汇在上下文中的相似性与差异，甚至区分出多义词在不同上下文中的含义。

举例：在词嵌入模型中，“皇上”和“皇后”在向量空间中会非常接近，反映了它们在语义上的相似性。同样，BERT可以根据不同的上下文为“bank”生成不同的向量表示，以区分“河岸”和“银行”这两种意思。

9.2 文本预处理

9.2.1 分词与词形还原

分词是将句子拆解为独立的词或短语的过程，使得每个词都可以单独分析，不同语言有不同的分词方式。英文的分词相对简单，通常可以直接根据空格来区分单词；而在中文中，由于词语之间没有空格，分词更加复杂，通常需要使用专门的分词工具（如jieba）来识别词汇的边界。例如，“我喜欢编程”经过分词后会得到“我”“喜欢”“编程”这三个独立的词，分词是文本处理的第一步，只有在完成分词后，文本才能进入进一步的分析。

词形还原是将词语的不同形式还原为它们的基础形式的过程，通常用于处理形态变化的语言。英语中的单词会有不同的变形形式，比如时态、复数等变化，而词形还原能够把这些形式还原为基础词形，这样做的好处是减少特征的冗余，使得模型更容易识别出相同的词汇含义。

举例：在英文文本处理中，单词“running”和“ran”虽然是同一个词“run”的不同形式，但如果不进行词形还原，模型可能会将它们误认为是不同的词。通过词形还原，二者都会被转换为“run”，从而让模型将它们视为相同的词，这有助于提升模型的准确性和效率。

9.2.2 停用词与词频

停用词是指那些在文本中经常出现但对文本的核心语义贡献较小的词。这些词虽然在句子中起到连接或修饰的作用，但对任务如**情感分析**或**主题分类**等并不提供有用的区分信息。常见的停用词包括英语中的“the”“is”“in”，以及中文中的“的”“了”。在处理文本时，停用词往往被**过滤掉**，以减少噪声和无效特征，帮助模型专注于更具信息量的词。

举例：假设我们分析一篇电影评论文章，停用词如“the”和“of”会频繁出现，但它们并不能帮助模型判断文章的情感倾向。因此，过滤掉这些词有助于提高模型对关键信息的关注度。

词频是指某个词在文档中出现的次数，是较基础的文本特征之一。通过计算词频，模型可以了解哪些词在文档中更为常见，词频越高，通常表示这个词对文本内容的重要性越高。不过，单纯依赖词频有时可能会引入误差，比如某些高频词（如“the”）虽然出现很多次，但对文本的区分度并不强。因此，词频常与其他技术（如 TF-IDF）结合使用，来衡量词汇的相对重要性。

9.3 文本特征提取方法

9.3.1 词袋模型（BoW）

词袋模型（bag of words，BoW）是文本特征提取中较基础、较常用的方法之一。它将文本看作一个**词的集合**，并忽略词的顺序和上下文关系。每个文档都可以表示为一个词汇频率向量，其中，向量的长度等于词汇表中的词数，而向量中每个位置的值表示该词在文档中出现的次数，如图 9-1 所示。词袋模型关注的是词的出现频率，而不考虑它们在句子中的位置或与其他词的关系。

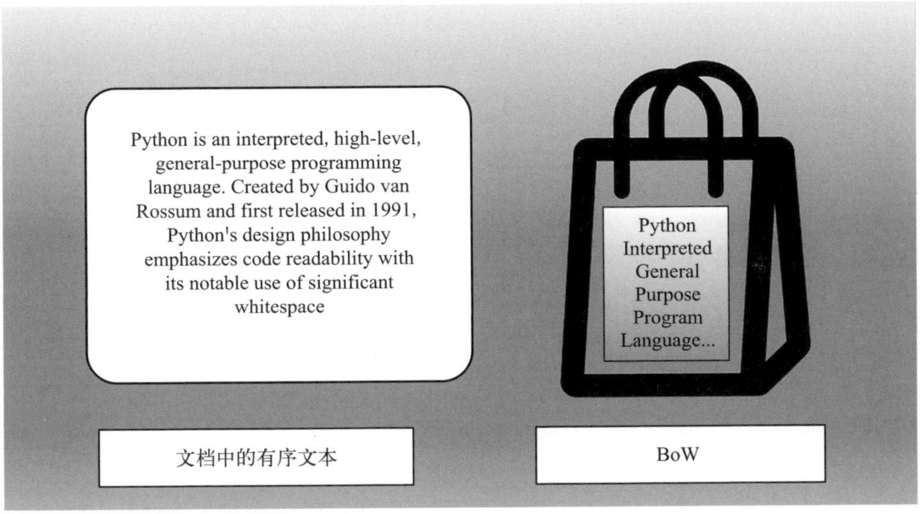

图 9-1 词袋模型示例

BoW 的核心步骤：

① 构建一个**词汇表**，该表包含所有可能出现在文档中的词。

② 为每个文档生成一个**词频向量**，表示文档中的词在词汇表中对应的词频。

举个例子，假设我们的词汇表包含“猫”、“狗”和“跑”这三个词。如果一篇文章是“猫在跑”，这篇文章可以表示为向量 [1，0，1]，因为“猫”和“跑”各出现了一次，而“狗”没有出现。

BoW 模型的主要优点是简单易懂，并且在小规模数据集上计算高效，它不需要复杂的预处理，只需要统计词频，因此容易实现和扩展。此外，对于一些不需要词序信息的任务（如简单的分类任务），BoW 能提供基本的文本表示。

尽管 BoW 简单易用，但它有明显的局限性：

① 忽略词序：BoW 不考虑词汇的顺序，因此无法捕捉词汇之间的上下文关系。例如，句子“狗追猫”和“猫追狗”在 BoW 中将被视为相同的，因为它们包含相同的词汇。

② 缺乏语义信息：BoW 不能捕捉词汇的语义关系。例如，“国王”和“皇后”虽然在语义上相关，但在 BoW 模型中它们是独立的、无关的特征。

③ 维度高：如果词汇表非常大，词频向量的维度也会非常高，这会导致计算和存储的负担增加，尤其是在处理大规模文本数据时。

现在可以知道，词袋模型通过将文本表示为词频向量，提供了一种简单而直接的文本特征提取方法。虽然 BoW 适合基础任务和小型数据集，但它无法捕捉词汇之间的顺序和语义关系，因此，在需要处理复杂语义或上下文的任务中表现有限。为了提升模型的性能，通常会结合其他方法（如 TF-IDF 或词向量）来提高文本的表示能力。

9.3.2 TF-IDF

TF-IDF（term frequency-inverse document frequency，词频 - 逆文档频率）是对**词袋模型（BoW）**的改进方法，它通过计算词汇在文档中的出现频率和整个语料库中的稀有程度，来衡量词的重要性。它结合了两个指标：**词频（TF）**和**逆文档频率（IDF）**。

① 词频（TF）：衡量一个词在某篇文档中出现的频率，词频越高，表示该词在这篇文档中越重要。

$$\mathrm{TF}=\frac{\text{某词在文档中出现的次数}}{\text{文档中的总词数}}$$

② 逆文档频率（IDF）：衡量一个词在整个语料库中的稀有程度。如果一个词在很多文档中频繁出现，它的 IDF 值会很低，表示它对区分文档贡献不大；而在少数文档中出现的词会有较高的 IDF 值，表示它能更有效地反映文档的主题。

$$\mathrm{IDF}=\log\left(\frac{\text{语料库中的文档总数}}{\text{包含该词的文档数}+1}\right)$$

通过这一公式，常见词（如“the”“and”）的 IDF 会接近 0，而稀有词的 IDF 值会较大。

那么，如何计算 TF-IDF 呢？

TF-IDF 值是通过将 TF 和 IDF 相乘得到的，用于衡量某个词在特定文档中的重要性。公式如下：

$$\text{TF-IDF}=\mathrm{TF}\times\mathrm{IDF}$$

该方法能够削弱在文档中频繁出现但意义不大的词（如“the”）的影响，同时突出在某个文档中特别重要的词（如“AI”“学习”），使得模型更容易捕捉到文本的核心内容。

假设我们在处理一篇关于人工智能的文章。在这篇文章中，词汇“AI”

和“学习”可能会频繁出现，同时它们在整个语料库中属于相对少见的词汇，因此它们的 TF-IDF 值会较高，表示它们对该文档的主题有很大贡献。而像“的”“是”这样的常见词虽然在文档中出现频繁，但它们在整个语料库中也很常见，因此会被赋予较低的权重，从而减少对模型的干扰。

TF-IDF 的优点主要有：

① 去除常见词的干扰：通过逆文档频率，TF-IDF 能够减少那些在所有文档中出现但没有区分度的词（如“the”“is”）的影响。

② 突显文档的主题：TF-IDF 能够突出在某篇文档中特别重要的词汇，帮助模型更准确地理解文档的主题。

但是，TF-IDF 也有一定的局限性，比如：

① 忽略词序和语义：虽然 TF-IDF 能有效衡量词汇的重要性，但它依然无法捕捉到词汇之间的顺序和在上下文中的语义信息。

② 对短文档不敏感：TF-IDF 对词汇出现频次的依赖性使其在短文档中的表现不如长文档可靠，因为短文档中词频统计的波动性较大。

现在可以知道，TF-IDF 通过结合词频和逆文档频率，为文本特征提取提供了一种有效的方法，它能够削弱常见词的影响，突出重要的主题词，从而帮助模型更好地理解文本内容。尽管它无法捕捉词汇的语义或顺序关系，但作为一种简单高效的文本特征表示方法，TF-IDF 在文本分类和信息检索等领域得到了广泛应用。

9.3.3 词向量与词嵌入表示

词向量是将词汇映射到一个**连续向量空间**中的表示方式。每个词都被转换为一个向量，这些向量能够捕捉词汇之间的**语义关系**，如图 9-2 所示。相比于传统的词袋模型或 TF-IDF，词向量不仅能表示词汇的频率，还能够反映出词与词之间的相似性和关系。常见的词向量生成方法包括 Word2Vec 和 GloVe。

（1）Word2Vec

Word2Vec 是 Google 开发的一种流行的统计方法，可以从文本语料库中高效学习。Word2Vec 是一种通过预测词汇上下文来学习词嵌入的方法。它包含两种训练方式：

① **Skip-gram**（连续跳过语法模型）：连续跳过语法模型通过预测给定当前

单词的周围单词来学习。通过预测目标词的上下文词汇来训练模型。即给定一个词，预测它周围的词汇。

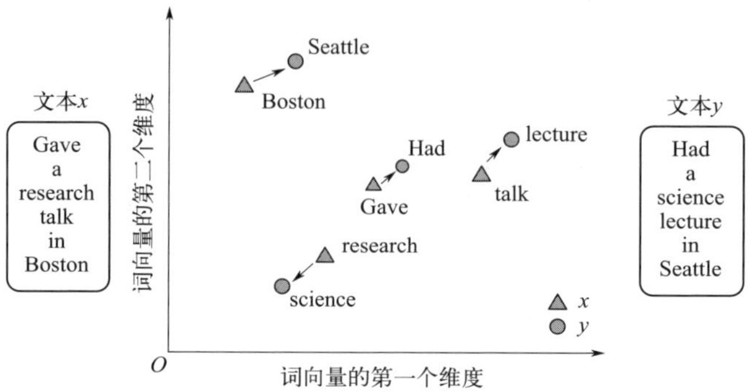

图 9-2　生成词向量示例

② **CBoW**（continuous bag of words，连续词袋模型）：CBoW 模型通过根据上下文预测当前单词来学习词嵌入。即给定一个上下文，预测中心词。

举例：在 Skip-gram 模型中，假设有句子“猫在椅子上睡觉”，模型会尝试用“猫”和“睡觉”来预测“在”“椅子”“上”等上下文词汇；而 CBoW 则会通过“在”“椅子”“上”来预测“猫”或“睡觉”。

（2）GloVe（全局向量）

GloVe 是一种无监督算法，是对 Word2Vec 方法的扩展，该方法可有效学习词向量。

它通过分析词汇的共现矩阵，即统计词汇在不同上下文中共同出现的次数，来捕捉词汇之间的语义关系，GloVe 不仅关注局部上下文，还结合了全局信息，因此能更全面地捕捉词汇之间的联系。

词汇“国王”和“王后”通常出现在类似的上下文中，如“王国”“权力”等，因此，它们在 GloVe 生成的向量空间中会彼此接近，反映出它们的语义相似。同样，“男人”和“女人”也可能在向量空间中接近，因为，它们在性别角色上具有相似的语义。

词向量的优势：

① **Word2Vec** 通过上下文关系来生成词向量，能够捕捉局部语义关系。

② **GloVe** 通过词汇共现矩阵分析语义，兼顾全局和局部信息。

③ **词向量**方法使模型不仅能理解单个词的意义，还能捕捉到词汇间的语义

关系，从而增强模型的语言理解能力。

这些词嵌入技术推动了 NLP 的发展，使得模型可以更好地处理复杂的语言任务，如机器翻译、文本分类等。

9.4 新兴文本特征提取技术

9.4.1 基于 BERT 的特征提取

BERT（bidirectional encoder representations from transformers）是一种基于**深度学习**的**预训练**语言模型，能够**双向理解**文本中的上下文信息。BERT 是基于 Transformer 实现的，包含很多 Transformer 模块。

传统的词嵌入方法（如 Word2Vec 和 GloVe）为每个词提供一个**静态的向量表示**，即每个词在任何上下文中都是相同的向量。但 BERT 的不同之处在于，它根据不同的上下文为每个词生成**动态的词向量**，从而捕捉到词在不同语境下的具体含义。

BERT 的双向性：BERT 的双向性是它的核心优势，即它能够同时考虑一个词在句子中的双向上下文信息，这一特性使得 BERT 在理解复杂语言结构和依赖上下文的语义时表现出色。例如，传统的词嵌入方法可能只能通过词汇的邻近词预测语义，而 BERT 通过同时关注双向上下文，能更准确地理解语义和句法关系。

BERT 特别适合处理依赖语境的任务，像多义词的理解等。传统方法无法区分同一个词在不同句子中的含义，但 BERT 能够根据上下文生成适应性的词向量。

举个例子：词“bank”在句子“我坐在河岸（bank）边”和“我去了银行（bank）”中的意思不同。传统词嵌入方法为这两个“bank”生成相同的向量，无法区分它们的不同含义，而 BERT 能够通过双向上下文分析生成不同的词向量，准确反映“bank”在不同语境中的含义，前者表示“河岸”，后者表示“银行”。

做个总结：

① **BERT** 通过双向上下文信息生成动态词向量，解决了传统词嵌入方法无法捕捉上下文变化的问题。

② 它能够根据不同的语境调整词向量，尤其在处理多义词、分析复杂句子

结构和依赖上下文的任务中表现出色。

③ BERT 的预训练语言模型极大地提升了 NLP 任务的效果，如**文本分类**、**情感分析**、**问答系统**等，是目前较先进的文本表示技术之一。

BERT 的动态词嵌入和双向理解能力使其在 NLP 领域中具有显著优势，推动了自然语言处理模型的精度和应用广度。

9.4.2 多语言嵌入技术

多语言嵌入技术是一种将不同语言的文本表示映射到同一个**嵌入空间**中的方法。这意味着无论文本是哪种语言，词汇都可以根据其**语义相似性**映射为相近的向量，这样，不同语言中的相似词汇可以被表示为类似的向量，这在处理多语言任务时非常有用，尤其是跨语言翻译、信息检索和多语言文本分类等任务。

多语言嵌入技术的核心：多语言嵌入技术的核心思想是通过构建一个**共享的向量空间**，使得不同语言中的词汇能够基于它们的语义相似性进行比较和处理。这样，模型不再需要分别学习每种语言的语义，而是可以在多个语言之间共享语义信息。

例如，在多语言 BERT 中，英文单词“dog”和法语单词“chien”（法语中的“狗”）会被映射到相近的向量，这意味着无论输入的是英文还是法文，模型都能够理解这两个词的含义并识别它们是相似的。这种共享的向量空间使得模型可以同时处理多种语言，并在语言之间实现知识的迁移。

应用场景：

① 跨语言信息检索：使用多语言嵌入，用户可以通过一种语言的查询来检索另一种语言的文档。例如，用户输入英语查询，系统可以从法语、德语或其他语言的文档中找到相关内容。

② 多语言机器翻译：通过将多语言映射到同一个语义空间，模型可以更轻松地在不同语言之间进行翻译。

③ 跨语言情感分析：多语言嵌入可以让模型在不同语言中进行统一的情感分析，帮助企业和研究人员更好地理解全球范围内的用户反馈。

多语言嵌入技术通过将不同语言的文本映射到同一个语义空间，促进了多语言之间的知识共享，无论是英语单词“dog”还是法语单词“chien”，模型都可以通过它们相似的向量表示来理解它们的共同含义。这种技术在跨语言任务中具有广泛的应用前景，尤其是在机器翻译、信息检索和多语言文本分析中，都大大提升了模型的语言处理能力。

文本特征工程是自然语言处理（NLP）中的核心环节，它将复杂的语言数据转化为结构化、可计算的特征表示，从而为模型提供更精准的输入。随着技术的进步，特征提取方法也在不断演变。从基础的词袋模型（BoW）、TF-IDF 等统计方法，到词向量（如 Word2Vec、GloVe）以及更先进的预训练模型（如 BERT），每一种方法都为文本表示带来了不同程度的精度提升。

传统的特征提取方法较为简单，适用于处理基本的文本分类任务，而基于深度学习的技术则能够捕捉上下文中的复杂语义关系，提升了模型在情感分析、问答系统、机器翻译等任务中的表现。此外，多语言嵌入技术还拓展了文本处理的语言边界，使得模型能够跨语言执行任务，无论是基础方法还是先进的深度学习技术，文本特征工程为我们提供了进一步深入理解和处理自然语言的工具，为各种 NLP 任务提供了坚实的技术支持与发展基础。

第10章 图像和音频特征工程

随着 AI 技术的快速进步，图像和音频数据已成为现代 AI 模型的重要输入，如何从这些数据中提取有价值的特征，是决定 AI 模型性能的关键因素之一。图像和音频中的数据复杂且信息量巨大，而提取有效的特征能够帮助模型更准确地理解这些数据，从而在分类、识别、生成等任务中表现优异。

10.1 图像数据的特征提取

图像数据的特征提取是 AI 处理图像的关键步骤，它通过将原始的像素数据转换为更具代表性的信息，使模型能够理解和识别图像中的重要特征。在一幅图像中，每个像素仅仅表示颜色或亮度，但这些原始数据对于 AI 模型来说并不直观，通过特征提取，我们可以从这些海量的像素中找出有意义的模式，如边缘、形状、纹理等，从而让模型更容易区分和分类不同的对象或场景。

特征提取可以分为两类：传统的基于规则的方法和现代的基于深度学习的方法。

基于规则的方法，例如边缘检测、纹理分析、关键点提取等。通过设计特定的算法，人为定义哪些图像特征是重要的。常用的方法包括 SIFT（尺度不变特征变换）和 HOG（梯度方向直方图）等，它们可以提取出不随光照、视角变化的图像特征。

基于深度学习的方法：卷积神经网络（CNN）是目前主流的图像特征提取方法。CNN 通过多层卷积操作自动学习图像中的特征，从简单的边缘检测到复杂的对象识别，层层深入。与传统方法不同，CNN 无须人为设计特征，而是通过大量的数据训练自己找到最优的特征表示。

通过图像特征提取，模型可以更有效地识别图像中的物体、场景，甚至完成复杂的任务，如图像生成和语义分割。

10.1.1 基本图像处理技术

在图像特征提取之前，图像预处理是必不可少的一步，它帮助清理和标准化图像数据，确保模型能够更好地理解和分析这些数据。以下是一些常用的图像预处理技术，并解释了它们的原理及重要性。

（1）图像预处理

图像预处理指的是对图像进行一系列初步操作，以提高数据质量，让后续的特征提取变得更加精准和高效。以下是几种常见的预处理方法。

① 灰度化：灰度化是将彩色图像转换为黑白图像。彩色图像包含红、绿、蓝三种颜色通道（RGB），每个像素都有三组值，而灰度化后，每个像素只有一个亮度值，表示图像的明暗。灰度化的好处是减少了信息量，让模型更专注于图像的形状和结构，而非颜色，比如在处理一张人脸识别的图片时，灰度化可以减少颜色对模型判断的干扰，让模型更多地关注面部轮廓和细节。

② 去噪：图像中的噪声指的是图像上不属于真实物体的信息，比如随机出现的亮点或条纹，可能是拍摄时光线或设备造成的，去噪算法可以帮助去除这些噪声，让图像更加清晰。示例：在处理低光条件下拍摄的照片时，噪声较多，去噪可以使得物体的边界更加清晰，从而提高模型的识别能力。

③ 直方图均衡化：直方图均衡化是一种常用的图像增强技术，通过调整图像的亮度分布来增强对比度。其原理是将图像的亮度分布尽量均匀化，使得暗部细节更加明显，亮部不至于过曝，这样可以帮助模型更好地识别图像中的细节。示例：一张室内拍摄的暗光图片，经过直方图均衡化后，图像中的阴影部分会变得更亮，细节更加丰富，从而有助于模型识别图像中的物体。

（2）边缘检测

边缘检测是提取图像中物体边缘的技术。图像中的边缘通常是颜色或亮度变化剧烈的区域，代表了物体的轮廓，通过边缘检测，模型可以从图像中捕捉物体的形状信息，而不被颜色或其他无关因素干扰。

① Sobel 算子：Sobel 算子是一种常用的边缘检测算法，它通过计算图像在水平方向和垂直方向上的亮度变化，找到边缘所在的位置。Sobel 算子的优点是计算简单，适用于大多数边缘检测场景。示例：在一张汽车的图片中，Sobel 算子可以识别出汽车的轮廓，帮助模型区分汽车与背景。

② Canny 边缘检测：Canny 边缘检测是一种更先进的边缘检测算法，能够找到更精确的边缘，并减少噪声的干扰，它通过多个步骤，如去噪、计算梯度、非极大值抑制等，来确保只检测到重要的边缘。示例：在复杂的自然场景中，如一张山川河流的照片，Canny 边缘检测可以有效地突出山体和河流的边界，而忽略树叶等不重要的细节。

（3）特征描述符

特征描述符是用来捕捉图像中特定信息的算法，通常用于图像匹配、识别等任务。它们能够识别图像中不随视角变化、缩放或光照变化而变化的关键特征，从而使得图像在不同场景下仍能被有效识别。

① SIFT（尺度不变特征变换）：SIFT 是一种经典的图像特征提取算法，它可以识别图像中稳定的关键点（如角点）并描述这些点的局部特征，具有尺度不变性和旋转不变性，SIFT 的应用范围很广，如图像拼接、物体识别等。示例：我们可以用 SIFT 算法来处理两张不同角度的建筑物照片，找到它们的共同关键点，这样即使拍摄角度不同，我们也可以判断两张照片是否为同一建筑物。

② SURF（加速鲁棒特征）算法：SURF 算法是 SIFT 的改进版本，它通过加速算法的执行效率，能够更快地提取图像中的特征点，虽然 SURF 算法比 SIFT 在某些任务中速度更快，但精度可能略逊一筹。示例：在实时图像处理应用中，如无人机摄像头捕捉图像进行快速物体识别时，SURF 算法因其速度优势，可以帮助系统迅速做出反应。

③ ORB（定向快速和旋转不变的二进制描述符）：ORB 是一种轻量级的特征描述符，结合了 FAST 关键点检测器和 BRIEF 特征描述符，ORB 不仅具有旋转不变性，而且在计算速度上比 SIFT 和 SURF 算法更快，消耗的资源比 SIFT 和 SURF 更少，因此，常用于移动设备或资源受限的场景中。示例：在手机上的增强现实（AR）应用中，ORB 可以快速识别现实世界中的物体并进行虚拟叠加，从而提供流畅的 AR 体验。

10.1.2 深度学习中的图像特征提取

随着深度学习的快速发展，图像特征提取技术发生了重大变革，逐渐从依赖手工设计特征的传统方法，转向基于深度学习的自动化特征学习。这一转变极大地提升了图像处理的效率和准确度，使得 AI 模型能够从复杂的图像数据中自动提取出有意义的特征。

（1）卷积神经网络（CNN）

卷积神经网络（CNN）是专门为处理图像数据而设计的神经网络。它通过一层层的**卷积操作**和**池化操作**，逐渐从图像中提取出不同层次的特征。

① 卷积操作：卷积操作是 CNN 的核心，它通过在图像上滑动一个小的滤波

器（即卷积核），从图像的局部区域中提取特定的特征。比如，在检测边缘时，卷积核会识别图像中亮度变化较大的区域。

② 池化操作：池化是为了减少数据的维度，保留重要特征。最常见的是**最大池化**，它在一定区域内取最大值，从而压缩图像信息。池化可以提高计算效率，并使得模型对位移、缩放等变形更具鲁棒性。

（2）预训练模型和迁移学习

训练一个完整的 CNN 从零开始往往非常耗时，尤其当数据量较大时，所需的计算资源也十分庞大，为了解决这一问题，**预训练模型**成为了主流选择。预训练模型是指已经在大型数据集上训练好的 CNN 模型，比如 ResNet、VGG、Inception 等，它们在公开数据集上（如 ImageNet）已经学到了丰富的图像特征。

迁移学习：迁移学习是指利用预训练模型的能力，通过微调这些模型，适应特定任务。比如，我们可以使用已经在自然图像上训练好的 ResNet 来处理某个具体领域的图像（如医疗图像），只需要对模型的后几层进行调整，而不必从头训练整个网络。例如，假设我们要构建一个识别花卉种类的模型，我们可以直接使用已经在 ImageNet 上训练好的 VGG 模型，然后在后几层加入花卉分类的部分，这样，模型可以利用 VGG 在通用图像上的学习能力，大大缩短训练时间。

（3）图像增强技术

图像增强技术是一种用来扩展训练数据集的方法。深度学习模型的表现往往依赖于数据的多样性，但在实际项目中，数据量可能有限，为了避免模型过拟合，图像增强技术通过对现有图像进行一系列的变换来生成更多的训练样本。常见的图像增强方法包括：

① 旋转：将图像随机旋转一定角度。

② 缩放：对图像进行放大或缩小。

③ 翻转：水平或垂直翻转图像。

④ 随机裁剪：对图像的某些部分进行裁剪。

通过这些变换，模型可以“看到”更多不同变形的图像，从而增强其对不同场景和角度的适应能力。例如：在一张道路交通监控图像中，使用图像增强技术对汽车图片进行旋转或翻转处理，模型就可以学习到不同角度下的汽车外观，从而更好地识别车辆。

通过卷积神经网络、预训练模型和图像增强技术，图像特征提取变得更加高效和精准。CNN 能够自动学习图像中的有用特征，而预训练模型和迁移学习使得我们可以在有限的数据和计算资源下快速搭建高效的图像处理模型。同时，图像增强技术为模型提供了更丰富的训练数据，进一步提高了模型的泛化能力和鲁棒性。

10.2 音频数据的特征提取

与图像数据类似，音频数据也包含大量复杂且多维的信息，音频信号不仅包括频率、幅度等基础物理属性，还可能携带语音、音乐、环境声等更高层次的内容。为了让 AI 模型能够有效处理和理解这些丰富的音频数据，必须进行**音频特征提取**。音频特征提取的目的是从原始的音频信号中提炼出有用的信息，这些信息可以帮助 AI 在各种任务中发挥作用，如语音识别、音乐分类、情感分析、音频生成等。

10.2.1 时域与频域特征

（1）时域特征

时域特征直接从音频信号的时间表示中提取。时域特征可以揭示声音在时间轴上的变化情况，如波形的起伏、幅度的大小、声音的持续时间等。

① **振幅**：振幅是音频信号强度的直接体现，通过分析音频的振幅，可以了解声音的响度变化。例如，演讲中高声和低声的部分有明显的振幅差异。

② **能量**：能量是音频信号强度的总量，它通常用于区分有声和无声的片段，能量特征在语音活动检测（VAD）中非常有用，因为它可以识别出哪些部分有声音，哪些部分是静音。

③ **过零率**：过零率表示音频信号在时间轴上从正到负或从负到正的次数，它反映了音频信号的频率特性。过零率较高的音频通常频率较高，如尖锐的声音，而过零率较低的音频则表示频率较低的声音，如低沉的嗓音。

（2）频域特征

音频信号也可以转换到**频域**进行分析，揭示出声音的频率组成。通过**傅里**

叶变换，可以将音频信号分解为不同的频率成分，这使得我们可以理解音频的音调、音色和共振特性。

① 频谱：频谱展示了不同频率的声音在音频信号中的强度分布。比如，在一段音乐中，低频部分可能代表低音鼓，高频部分可能代表小提琴等高音乐器。

② 梅尔频率倒谱系数（MFCC）：MFCC 常用于语音识别，它通过模拟人耳对不同频率的感知方式，提供了比直接的频率分析更具代表性的特征。MFCC 尤其擅长提取与人类听觉相关的特征，使得 AI 模型能够更好地识别和处理语音信息。

10.2.2 声谱图与 MFCC

（1）声谱图

声谱图是一种将音频信号转化为视觉图像的方式，帮助我们直观地理解音频在不同时间段的频率变化情况，它的纵轴表示频率（通常从低频到高频），横轴表示时间（音频随时间的进展），颜色的深浅或亮度表示该时间点上不同频率的强度。通过声谱图，模型可以捕捉到声音的时频特性，这对音频分类、音乐分析、语音识别等任务尤为有用。

举例：在音乐分析中，声谱图可以用来识别一首乐曲的旋律，显示出音调随时间的变化。例如，一段钢琴演奏的声谱图可能显示出不同音符在时间上的排列与频率高低的变化，从而揭示出该乐曲的旋律和节奏。

（2）梅尔频率倒谱系数（MFCC）

MFCC 是一种广泛用于语音识别的音频特征提取方法。与简单的频谱分析不同，MFCC 通过模拟人耳对不同频率的感知，将音频信号分解为更符合人类听觉特性的特征。人耳对不同频率的敏感度是不均匀的，通常对低频更敏感，而 MFCC 通过使用**梅尔频率标度**调整了这种频率感知，并将音频信号转换为一系列数字特征。

MFCC 的独特之处在于，它不仅仅分析音频的频率信息，还考虑了人耳对不同频段的响应，这使得它特别适用于语音识别任务。它将复杂的音频信号简化为若干个关键特征（通常为 13 或更多个系数），从而让模型更容易捕捉到语音的核心特征。

举例：在语音助手中，当用户发出语音命令时，MFCC 能够帮助模型提取出语音的关键特征，例如音调、语音的发音方式等，从而更好地理解用户说的内容。例如，对于同一句话，MFCC 可以帮助区分不同人说话的音色和音调特征，提升语音识别系统的精度。

10.3 新兴图像与音频特征提取技术

随着深度学习技术的迅猛发展，图像和音频特征提取技术也在不断创新，逐渐从传统的手工设计特征转向更加自动化和高效的特征学习方法，这些新兴技术不仅提升了模型处理复杂数据的能力，还大幅提高了特征提取的精度和适应度。通过利用深度学习，AI 系统能够自动从图像和音频数据中提炼出更抽象、更具代表性的特征，而无须依赖人工设计特定的规则。

10.3.1 基于卷积神经网络（CNN）的特征提取

卷积神经网络（CNN）是图像和音频特征提取领域中的一种强大工具，CNN 的成功源自其独特的结构，尤其是卷积层和池化层的组合，使得它能够自动学习数据中的层次化特征。CNN 通过从局部信息出发，逐渐扩展到全局特征，完成从简单到复杂的特征提取。

（1）图像特征提取

CNN 已经成为图像特征提取的主流方法，它通过层层递进的卷积操作，能够自动学习不同层次的图像特征，CNN 的卷积核在不同层次上会捕捉到不同的特征信息。

① **底层卷积层**：网络的最底层主要提取图像中的低级视觉特征，如边缘、角点、颜色、梯度和纹理等局部模式。这一层关注的是像素级别的细节。例如，在风景图像中，底层卷积层可能会检测到草地的细腻纹理、树叶的边缘轮廓或光影变化所形成的渐变区域。

② **中间层卷积层**：中间层将底层的基础特征组合成具有一定结构和形状的中级特征，例如几何轮廓、局部构造等。这些特征通常与物体的局部组成部分相关，如树干的垂直结构、屋顶的斜线框架或建筑物的窗口区域。中间层为识别物体的整体形状提供了基础。

③ **高层卷积层**：高层卷积层整合低层和中间层的多个特征图，提取出高语义级别的全局特征，用于识别完整物体或场景概念。例如，在一幅自然风景图中，高层卷积层可能会识别出山脉、湖泊或房屋等具备完整语义的目标区域，从而实现对图像内容的抽象理解，支撑分类或检测等任务的最终决策。

实际应用：在自动驾驶汽车中，CNN 被广泛用于图像处理任务。通过对路面、行人、车辆等对象的特征提取，CNN 可以帮助自动驾驶系统快速识别出周围环境中的潜在障碍物，并做出相应的驾驶决策。

（2）音频特征提取

CNN 在音频处理领域同样表现出色，特别是当音频数据被转化为声谱图后，声谱图将音频信号的频率和时间信息转化为二维的图像表示，CNN 可以在这种图像数据上应用其卷积机制，捕捉音频中的时频特征。

声谱图与 CNN 的结合：声谱图可以将音频信号的复杂时频关系转换为类似图像的表示形式，CNN 通过在这些图像上滑动卷积核，逐层学习音频中的变化模式。例如，CNN 可以识别出音乐中的节奏、旋律或者语音中的语调和发音特征。

实际应用：在音乐分类任务中，CNN 可以通过分析声谱图识别不同的乐器声音、音乐风格，甚至区分出不同的歌手。它还能用于语音识别中，通过提取语音中的时频特征，帮助识别不同语言或口音。

10.3.2 基于 Transformer 的特征提取

Transformer 是 Google 提出的，最初被设计用于处理自然语言中的序列数据，但其核心的**自注意力机制**逐渐展现出对图像和音频数据处理的强大能力。Transformer 相比于 CNN，不局限于局部区域的特征提取，而是能够通过自注意力机制同时关注数据中的全局关系，这使其在理解复杂结构和长时段依赖关系方面表现尤为突出。

（1）图像 Transformer（ViT）

传统的 CNN 模型通过逐层卷积的方式缩小图像的空间维度，这种局部操作有时会导致模型难以捕捉图像中的全局关系。而图像 Transformer（ViT）通过将图像分割成固定大小的小块，并使用自注意力机制来捕捉这些小块之间的关系，从而弥补了 CNN 在全局特征提取中的不足。

小块图像处理：ViT 的独特之处在于，它不会直接处理整个图像，而是将图像切割成多个小块（例如 16×16 像素），每个小块都作为独立的输入。然后通过自注意力机制，ViT 能够同时关注多个小块的特征及其相互之间的关系，这使得 ViT 在捕捉复杂场景中的全局关系时具有明显优势。

在图像分类任务中，ViT 能够更加精准地识别场景中的不同对象，尤其是在复杂的场景中，如城市中的车辆、行人和建筑物。与传统的 CNN 相比，ViT 在需要处理大量对象或捕捉远程对象之间关系的任务中表现更加优异。

（2）音频 Transformer

音频数据通常是序列化的，并且具有时间上的依赖关系。传统的 RNN 和 LSTM 虽然能够处理这种时序数据，但随着序列的长度增加，它们容易出现梯度消失等问题，而 Transformer 通过自注意力机制，能够并行处理整个音频序列，并捕捉长时间跨度的依赖关系。

长时段依赖捕捉：音频 Transformer 在处理长时段音频时表现出色，因为它能够同时关注音频信号中的多个时段，自动学习这些时段之间的相关性。例如，在长段对话中，Transformer 可以识别出说话者的不同情绪、语调变化，甚至区分不同的讲话者，它还能识别出音乐作品中的不同乐段，理解整首音乐的结构和风格。

音频 Transformer 在智能语音助手和自动字幕生成系统中得到了广泛应用。例如，智能语音助手能够基于音频 Transformer 的特征提取，识别出用户的语音命令，甚至可以在长对话中判断用户的意图。同时，在自动字幕生成中，音频 Transformer 可以通过长时段的语音分析，生成更准确的文本内容，甚至能够根据语音语调推测情感。

第 11 章　时间序列分析

时间序列分析是一种通过分析按时间顺序排列的数据来揭示其内在规律，并预测未来发展趋势的方法。时间序列分析广泛应用于金融、气象、医疗等领域，能够帮助我们理解过去，并做出更加准确的预测和决策。

11.1 时间序列数据的特点

时间序列数据是一组按时间顺序记录的观测值，具有显著的时间依赖性，即每个数据点不仅独立存在，还与之前时刻或之后时刻的数据有联系，这不同于独立同分布数据（IID 数据），后者假设各数据点相互独立、分布相同。时间序列数据通常反映某一过程随时间的动态变化，常表现出趋势变化、季节性波动、周期性波动和随机波动等特性。

由于时间序列数据中的时间窗口效应，不同时间段可能具有不同的模式，因此，分析时需考虑这些时间依赖性和动态变化。常用的分析方法如自回归模型（AR）等，能够有效捕捉这些规律以进行预测和分析。

11.1.1 时间序列数据的独特性

时间序列数据具有一些独特的特性，这些特性使得时间序列分析与普通的独立同分布数据（IID 数据）分析有所不同。以下是时间序列数据的几个关键特性。

（1）时间依赖性

时间依赖性是时间序列数据的核心特性之一，指的是当前时间点的数据值与之前的观测值有紧密的联系，而不是彼此独立。例如，今天的气温通常与昨天的气温有一定关联，气温变化不会是完全随机的，这种依赖关系使得时间序列分析必须考虑之前时刻的数据，不能像独立同分布数据分析那样忽略前后数据点之间的联系。

要衡量时间依赖性，我们通常使用自相关系数，自相关系数是衡量当前时间点的数据与之前若干时间点的数据之间相关程度的指标，自相关系数的值介于 -1 到 1 之间，1 表示完全正相关，-1 表示完全负相关，0 表示无相关性。通过计算自相关系数，可以识别时间序列中的潜在规律。

（2）趋势

趋势是指时间序列数据在较长时间内呈现出的总体方向，通常表现为数据的持续上升、下降或相对平稳。例如，全球气温随着时间的推移呈现出逐年升高的趋势，这一趋势可能持续数十年或更长时间。

（3）季节性波动

季节性波动是指时间序列数据在固定时间周期内出现的规律性波动，通常，这种波动是可以预测的，因为它在每个周期内都会重复出现。季节性波动往往与自然或社会现象有关，比如气温的季节性变化、零售行业的销售额在每年的节假日时会显著增长。

识别季节性波动对许多行业非常重要。例如，电力需求通常在夏季和冬季的条件下增加，电力公司可以根据这种季节性波动来合理安排资源；电商平台的销售额在“双十一”期间往往会大幅上升，这种固定时间点的销售高峰属于季节性波动。季节性波动通常有固定的周期，可以通过观察历史数据找到周期的长度，并对未来的季节性波动做出预测。

（4）噪声

噪声是指时间序列数据中那些不规则、不可预测的部分。噪声通常是由一些外部不可控的因素引起的，例如突发事件、意外变化等，这些因素可能导致数据在某些时间点出现异常波动，但这些波动往往是随机的，很难通过传统的时间序列分析方法预测。

噪声的存在增加了数据分析的复杂性，因此，在实际分析中，通常需要通过一些技术手段（如平滑算法）来滤除噪声，以便更清楚地观察数据的主要模式和趋势。

例如，股票市场中的某些突发事件（如公司破产、政策变化）会导致股价突然剧烈波动，这些波动就是噪声。

（5）周期性波动

周期性波动与季节性波动类似，但周期的长度通常是不固定的，并且周期性波动往往与经济或社会的更大周期有关。周期性波动是指数据在长时间跨度上，围绕某个均值出现有规律的波动，但这种周期长度可能变化。例如，经济的繁荣与衰退就属于周期性波动。

周期性波动不同于季节性波动，后者的周期是固定的，如一年四季变化，而周期性波动的周期可能是几年甚至几十年不等。因此，在时间序列分析中，我们需要使用专门的方法来捕捉这种周期性波动。

全球经济周期就是一种周期性现象，可能历时几年或十几年，表现为繁荣、衰退、萧条、复苏的交替循环。这些周期的时间长度和影响程度不固定，但它们会对宏观经济活动产生深远影响。

11.1.2 时间序列数据的预处理

在进行时间序列分析之前，对数据进行预处理是必不可少的一步，这不仅能提高数据的质量，使其更加符合模型的假设，还能增强模型的预测能力。下面是常见的时间序列数据预处理方法，每个步骤对于初学者都至关重要，能够帮助使用者理解时间序列的规律，并确保分析结果的准确性。

（1）缺失值处理

在实际应用中，时间序列数据经常会因为采集设备故障、数据传输错误或其他因素而出现缺失值，即某些时间点的数据缺失。处理缺失值是数据预处理的重要环节，否则会导致分析结果不准确或模型无法正常训练，常见的缺失值处理方法包括插值法和直接删除数据点的方法。

① 插值法：插值法是一种通过计算临近数据点来估算缺失值的方法。例如，如果某一天的气温数据缺失，可以采用前后几天的气温的平均值来进行填补，这种方法能够保留时间序列的完整性，而不会丢失有用的信息。插值法有多种形式，包括线性插值、样条插值等，根据具体需求选择合适的方法。

② 删除数据点：当缺失值较少时，可以直接删除这些数据点以简化数据集。然而，如果数据缺失较为严重，这种方法可能会导致信息丢失，进而影响分析结果的准确性。

举例：如果某城市在特定时间段内的气温数据缺失，插值法可以根据之前几天和之后几天的气温进行估算，确保数据完整性。

（2）平稳性处理

平稳性是指时间序列的统计特性（如均值、方差）随时间保持不变。在时间序列分析中，很多模型（如自回归模型）假设数据是平稳的，因此，在实际应用中，我们往往需要对非平稳数据进行平稳性处理。

① 差分：差分是较常用的平稳化方法之一，它通过计算相邻时间点之间的

差值来消除时间序列中的趋势或季节性变化，差分的结果是关注数据变化的相对值而非绝对值。例如，在股票市场中，股价可能有长期上升的趋势，但我们更关注每日的价格变化而不是绝对价格。

② 对数变换：对于某些类型的时间序列，数据随着时间变化幅度较大，通过对数变换可以减小数据的波动，使其更加稳定。对数变换还可以处理非线性趋势，帮助模型更好地捕捉数据中的模式。

举例：如果我们观察到某一股票的价格随时间逐渐上涨，可以通过差分来消除这种长期上升趋势，以便更好地分析短期价格波动。

（3）去噪处理

时间序列数据通常包含一些噪声，即不规则、随机的波动，这些波动可能会干扰我们对数据主要趋势的分析。通过去噪处理，我们可以降低噪声的影响，提取出数据的主要模式和规律。

① 滑动平均法：滑动平均法是去噪的常用方法之一，它通过计算一定时间窗口内的平均值来平滑数据，使得数据中的随机波动被削弱。滑动窗口越大，平滑效果越明显，但同时也可能导致部分细节信息的丢失。

② 指数平滑法：指数平滑法是一种更加灵活的平滑方法，它为近期的数据点赋予更高的权重，而为较远的数据点赋予较低的权重。这种方法可以较好地捕捉短期变化的趋势，同时减少噪声的影响。

举例：在股票市场分析中，使用滑动平均法可以过滤掉日常的小幅波动，从而更清晰地观察长期趋势。

（4）归一化和标准化

在时间序列分析中，数据的数值范围可能会跨度很大，比如不同气象站的气温数据可能取值范围不同，这会导致模型难以处理不同量纲的数据，归一化和标准化是常用的数据缩放技术，能够有效解决这一问题。

① 归一化：归一化是将数据缩放到固定范围（通常是 0 到 1）内。它适用于不同维度之间的数据进行比较，常用于要求输入数据范围一致的机器学习模型中。

② 标准化：标准化是将数据调整为均值为 0、标准差为 1 的正态分布。这种方法适用于那些需要保持数据相对变化关系的分析场景，特别是当数据存在明显的量纲差异时。

举例：在分析多个城市的房价和销售量数据时，房价的数值通常比销售量要大得多。通过归一化或标准化，房价和销售量可以被缩放到相似的数值范围内或有相似的分布，便于分析二者之间的关系。

11.2 时间序列特征提取

特征提取是时间序列分析中的核心步骤，它通过提炼出具有代表性的特征来简化数据，从而帮助模型更好地理解数据结构、提高预测能力。特征提取的目的是将原始数据转化为更具可解释性和信息密度的形式，使模型能够从中学习数据的模式和规律。在时间序列分析中，特征提取的方式有很多，包括简单的统计特征和复杂的动态特征提取方法。下面介绍几种常用的基本统计特征。

11.2.1 基本统计特征

基本统计特征是最常见的特征提取方式，它们通过对时间序列数据的简单统计运算来描述数据的整体特性，这些特征不仅能反映数据的全貌，还能揭示数据的变化趋势和波动情况。以下是一些常用的统计特征。

（1）均值

均值是时间序列中所有观测值的平均值，它反映了数据的总体水平，均值可以帮助我们了解时间序列的集中趋势，通常用于衡量数据的中心点。

均值的计算公式为：

$$\text{Mean} = \frac{1}{n}\sum_{i=1}^{n} X_i$$

式中，X_i 是时间序列中的每个值；n 是数据点的总数。

（2）方差

方差用于衡量时间序列数据的波动性，方差越大，说明数据的波动越剧烈，变化范围越广。方差可以揭示数据的不稳定性，特别是在金融领域，方差常用于衡量市场的风险。

方差的计算公式为：

$$\text{Variance} = \frac{1}{n}\sum_{i=1}^{n} (X_i - \overline{X})^2$$

式中，$\overline{X}$ 是数据的均值；X_i 是每个数据点；n 是数据点的总数。

（3）最大值和最小值

最大值和最小值用于描述时间序列中数据的极端情况。它们可以帮助我们快速了解数据的上下界限，适用于观察异常值和数据的取值范围。

最大值：时间序列中所有值中的最大值。

最小值：时间序列中所有值中的最小值。

（4）自相关系数

自相关系数用于衡量时间序列当前值与之前值之间的相关性，即当前时间点的值是否与之前的时间点有规律地联系。自相关性是时间序列分析中的一个重要概念，它帮助我们识别数据的依赖关系，并预测未来的值。

自相关系数的计算方式如下：

$$\text{Autocorrelation}(k)=\frac{\sum_{i=1}^{n-k}(X_i-\overline{X})(X_{i+k}-\overline{X})}{\sum_{i=1}^{n}(X_i-\overline{X})^2}$$

式中，k 是滞后阶数，表示当前时间点与之前第 k 个时间点之间的关系。

通过这些基本统计特征，我们可以初步描述时间序列数据的全貌。均值可以帮助我们理解数据的总体趋势，方差能够揭示数据的波动情况，最大值和最小值则为我们提供了数据的极端值信息，而自相关系数能够识别数据的内在依赖关系。基础统计特征的提取为模型分析和预测提供了重要支持，尤其在实际应用中，它们是构建复杂模型的重要数据特征。

这些特征对于初学者来说较为直观，是理解时间序列数据的第一步。掌握这些基本统计特征，将为进一步使用复杂的机器学习模型打下坚实的基础。

11.2.2 滑动窗口与时间延迟嵌入

滑动窗口和时间延迟嵌入是处理时间序列数据时常用的两种特征提取方法，特别适用于捕捉时间序列中的局部模式和历史依赖性，这些方法能够帮助模型理解时间序列中连续时间点之间的关系，提高模型的预测能力。

（1）滑动窗口

滑动窗口法是一种常用的时间序列处理技术，其核心思想是：通过设定固定长度的时间窗口，将长时间序列按顺序分割为若干重叠或不重叠的短序列片段。每个窗口包含一定数量的连续时间点，并以固定步长向前滑动，从而覆盖整个时间序列。

滑动窗口的主要目的在于分析时间序列的局部特征，捕捉数据在不同时间段内的短期模式、变化趋势或异常行为，尤其适用于非平稳时间序列的建模与预测。

工作原理：滑动窗口方法将长时间序列分割成多个较小的时间段（窗口），并在每个窗口内进行分析。例如，假设我们有一组按天记录的销售数据，我们可以选择一个长度为 7 天的滑动窗口，从而每个窗口内包含一周的数据，当窗口滑动时，每次向前移动一天或多天，生成多个等长的时间片段，从而覆盖整个时间序列。

窗口大小的选择：窗口大小的选择是滑动窗口方法的一个关键。窗口太小可能无法捕捉数据中的长期变化，窗口太大则可能掩盖细节信息。因此，窗口大小的选择需要根据具体的应用场景和数据特性进行调节。

应用场景：滑动窗口适用于分析局部数据模式和短期趋势。例如，在季度销售数据的分析中，可以使用滑动窗口技术，将每周作为一个窗口，这样可以帮助我们观察每周的销售变化，发现某些特殊时间段（如促销期）的销售增长情况。

（2）时间延迟嵌入

时间延迟嵌入是一种通过引入历史信息，将过去若干个时间点的观测值作为当前时间点的特征输入模型中。这种方法通过扩展特征维度，捕捉时间序列中的长期依赖性，帮助模型更好地利用历史数据进行预测。

工作原理：时间延迟嵌入的核心思想是将过去的若干个时间点作为特征，而不仅仅依赖于当前时间点的数据。例如，在进行天气预测时，单独依赖某一天的气温数据可能无法准确预测未来的气温，但是，如果我们使用过去几天的气温数据作为输入特征，则可以更好地捕捉气温变化的趋势，提升预测准确性。

通常，时间延迟嵌入会选取一个固定的滞后期，即将之前的多个时间点的数据作为输入。例如，在预测股票价格时，可以将前 5 天的价格作为特征输入，这样模型就能利用过去几天的数据变化趋势来预测第 6 天的价格。

滞后期的选择是时间延迟嵌入中的关键。滞后期太短可能无法充分利用历史信息，而滞后期太长可能会导致模型复杂性增加且计算效率下降。

时间延迟嵌入特别适用于那些具有长期依赖性的时间序列数据。它能够帮助模型捕捉过去的趋势和模式，从而做出更准确的预测，典型的应用包括天气预报、股市预测等。

（3）滑动窗口与时间延迟嵌入的区别与联系

虽然滑动窗口和时间延迟嵌入都用于处理时间序列中的历史信息，但它们的工作方式有所不同：

① **滑动窗口**主要用于划分时间段，对每个时间段内的数据进行局部分析，适用于捕捉短期的局部模式。

② **时间延迟嵌入**则是通过利用过去的若干时间点数据来预测未来，它更关注数据的长期依赖性和变化趋势。

二者常常可以结合使用。在某些应用场景下，滑动窗口可以帮助提取局部信息，时间延迟嵌入则可以利用这些局部信息来建立更准确的模型。

11.3 时间序列预测模型

时间序列分析的一个重要应用就是预测未来的值。通过分析和学习过去的数据，我们可以构建预测模型来推测未来的趋势和变化，这些模型基于历史数据中的规律和依赖关系，帮助我们在许多实际场景中进行决策，如股票价格预测、天气预报、电力需求预测等。下面将介绍两种常见的时间序列预测模型：**自回归（AR）模型和长短期记忆网络（LSTM）**。

（1）自回归（AR）模型

自回归模型（AR）模型是一种经典的统计模型，它通过利用过去的时间序列值来预测当前或未来的值。AR 模型假设时间序列的值可以用之前若干时间点的数据的线性组合来表示。因此，当前的值是依赖于过去的值的。

工作原理：AR 模型基于时间序列的自相关性，即当前时间点的数据与之前时间点的数据有一定的线性关系。模型会用一组回归系数来加权前几个时间点的数据，以预测当前的值。

数学表达式如下：

$$X_t = \alpha_1 X_{t-1} + \alpha_2 X_{t-2} + \cdots + \alpha_p X_{t-p} + \epsilon_t$$

式中，X_t 表示时间序列在时间 t 的值；$\alpha_1, \alpha_2, \cdots, \alpha_p$ 是模型的参数（回归系数）；p 是滞后阶数；ϵ_t 是随机误差项。

应用场景：AR 模型适用于那些自相关性较强的时间序列数据，例如股票价格、气温等。在这些场景中，过去的若干时间点的数据对当前的值具有较大影响。

优点：

① 简单易用，适合处理线性关系较强的时间序列。

② 计算效率较高，适用于较小的数据集。

缺点：

① 只能处理线性关系，无法捕捉复杂的非线性关系。

② 对于具有长时间依赖性的数据和大规模数据表现不佳。

（2）长短期记忆网络（LSTM）

长短期记忆网络（LSTM）是一种基于神经网络的时间序列预测模型，它属于循环神经网络（RNN）家族，专门用于解决时间序列中长期依赖性的问题。与传统 RNN 不同，LSTM 通过引入“记忆单元”，可以保留重要的历史信息，并忽略无关的信息，从而能够在处理长时间序列时表现得更为出色。

工作原理：LSTM 的核心是它的“记忆单元”和三个门控机制——遗忘门、输入门和输出门。这些门控机制控制信息的流动，决定哪些信息需要保留、哪些信息需要更新和输出，这种机制帮助 LSTM 解决了传统 RNN 在处理长时间序列时遇到的梯度消失问题，使得 LSTM 可以处理具有长期依赖性的数据。

LSTM 在每一步都会更新它的“记忆”，决定过去的时间点信息如何影响当前预测。即使是过去很久的数据点，如果它对当前时间点有用，LSTM 也可以通过“记忆单元”保存下来，并进行利用。

优点：

① 处理具有长期依赖性的数据较好，能够捕捉时间序列中的复杂非线性关系。

② 对大规模、复杂的数据表现出色，尤其适用于深度学习场景。

缺点：

① 模型训练时间较长，计算复杂度较高。

② 需要大量数据进行训练，不适合小数据集或简单问题。

11.4 新兴时间序列分析技术

随着深度学习和生成模型技术的迅猛发展，越来越多的新兴时间序列分析技术被应用于复杂的数据场景中，这些技术在传统模型的基础上，通过更灵活和高效的方式，捕捉时间序列中的深层次模式和依赖性，帮助解决复杂的预测和分析任务。本节将介绍两种新兴的时间序列分析技术——**基于注意力机制的时间序列分析**和**变分自编码器（VAE）**在时间序列中的应用。

11.4.1 基于注意力机制的时间序列分析

注意力机制最初在自然语言处理（NLP）中应用，特别是在机器翻译任务中广泛使用。它的核心思想是：在处理大量输入数据时，模型通过分配不同的权重，自动判断哪些部分的信息对当前任务最为重要，哪些部分可以忽略，这样，模型能够“关注”到最关键的信息，而不是平均地处理每个输入。

将注意力机制引入时间序列分析后，模型不再一视同仁地对待每一个时间点的数据，而是根据其对预测的贡献大小赋予不同的权重。例如，在某些时间序列任务中，不同时间点的数据对预测结果的影响是不同的，注意力机制能够帮助模型自动识别这些关键时刻，从而做出更为准确的预测。

工作原理：注意力机制通过为每个时间点的数据分配一个权重，表示该数据对当前预测任务的重要性。重要的时间点会获得较高的权重，而不重要的时间点权重较低。这样，模型可以集中资源处理对预测有重要影响的时间点，而减少对不相关信息的关注。基于注意力机制的时间序列分析优缺点如表 11-1 所示。

表 11-1　基于注意力机制的时间序列分析优缺点

优点	模型能够自动识别时间序列中对预测较有价值的时间点
	对长时间序列数据表现优异，能够灵活处理复杂的依赖关系
缺点	需要较大的计算资源，尤其是在处理长时间序列或多维数据时
	训练难度相对较高，需要大量数据支持

11.4.2 变分自编码器（VAE）在时间序列中的应用

变分自编码器（VAE）是一种生成模型，通过将高维数据压缩到低维潜在空间，能够重建原始数据或生成新样本。与传统的自编码器相比，VAE 在编码阶段引入了概率分布的概念，能够生成具有潜在结构的样本，因而在时间序列数据的生成和异常检测中有着广泛的应用。

VAE 的工作过程包括编码和解码两个步骤。在编码过程中，时间序列数据被映射到低维潜在空间中，并表示为一个概率分布，而不是单个点，解码阶段则通过采样潜在空间中的点，生成新的数据点。VAE 的这种生成特性在处理异常检测时非常有效：通过学习正常数据的分布，当输入的时间序列数据偏离这个分布时，可以认为是异常点。VAE 的优缺点如表 11-2 所示。

表 11-2　VAE 的优缺点

优点	能够有效处理高维时间序列数据，进行降维处理后仍能保持数据的关键特性
	在异常检测中表现出色，通过学习正常数据的分布，能够识别与之不同的异常点
	可以生成新的时间序列样本，适用于数据增强和仿真任务
缺点	由于引入了概率分布，训练 VAE 模型的复杂度增加
	对数据质量要求较高，需要充足的正常数据来学习正确的分布

基于注意力机制的时间序列分析和变分自编码器（VAE）是近年来在时间序列分析领域中备受关注的新兴技术。注意力机制通过为不同时间点分配权重，可以识别并放大对预测有重要影响的时间点，适合那些有关键时刻的任务。而 VAE 通过学习时间序列的潜在分布，能够在异常检测和数据生成中发挥重要作用，尤其适合高维复杂的时间序列数据。

第 12 章 模型与特征的交互

在机器学习中，模型与特征工程密不可分，特征是机器学习算法所使用的数据输入，而模型则是通过这些特征进行学习并进行预测的工具。特征的质量和选择直接影响模型的性能，反之，模型的选择也会影响特征工程的策略。本章将探讨模型选择对特征工程的影响、特征重要性评估、不同模型的特征工程策略以及一些新兴的模型与特征交互技术。

12.1 模型选择对特征工程的影响

模型选择和特征工程是机器学习中的两个核心步骤，它们相互依赖、密切配合，共同决定了模型的效果和预测能力。**模型选择**是指在众多机器学习算法中，选择最合适的一种模型来解决具体问题；而**特征工程**是对原始数据进行处理和转换，以提取出最具代表性和有用的信息。由于不同的模型有各自的特点和处理方式，因此，它们对输入特征的要求各不相同。下面我们将详细讨论这两个环节，以及它们如何相互作用。

12.1.1 模型与特征选择的协同作用

在机器学习中，**特征选择**是一个非常重要的步骤，它指的是从原始数据中选择那些具有代表性、信息量较大的特征，减少数据的维度，提高模型的预测性能。特征选择的目标是找到那些对预测有帮助的特征，并过滤掉噪声或无用的特征，从而降低模型的复杂性、提高模型训练效率，并降低过拟合风险。

（1）特征选择的重要性

在高维数据中（即数据包含大量特征时），并不是所有的特征对模型预测都有帮助。事实上，很多特征可能是不相关的，甚至可能是噪声，会对模型产生负面影响，这些无关或冗余的特征会增加计算成本，导致模型复杂度增加，训练时间变长，甚至引发过拟合问题（即模型对训练数据的拟合过于严格，对新数据的泛化能力较差）。

通过合理的特征选择，可以减少不必要的特征，从而：

① **提高模型效率**：更少的特征意味着更快的训练速度和更低的计算资源需求。

② **减少过拟合**：过多的无关特征可能会导致模型过度拟合训练数据，而合理的特征选择可以提高模型在新数据上的泛化能力。

③ **增强模型可解释性**：使用较少且相关性高的特征，模型的输出结果会更容易解释和理解。

（2）模型与特征选择的协同作用

不同的模型在处理特征时具备不同的能力，某些模型可以自动识别并处理特征的重要性，而其他模型则依赖于预处理阶段的特征选择。例如：

① **树模型（如随机森林、梯度提升树等）**：这些模型具备**自动特征选择**的能力，它们通过评估每个特征对目标变量的重要性，来做出分裂决策。例如，随机森林可以计算每个特征对模型不纯度（如基尼指数、信息增益）的贡献，从而评估其重要性。树模型能够自动忽略无用特征，因此，特征选择的工作可以相对简化。

② **线性模型**：线性模型假设特征和目标变量之间存在线性关系，因此，依赖于在预处理阶段的特征选择。如果数据中存在无关或冗余特征，这些特征可能会导致回归系数的偏差，进而影响模型的预测准确性，因此，在线性模型中，手动进行特征选择和消除多重共线性（即特征之间高度相关性）是非常重要的。

在构建模型时，特征选择和模型性能之间存在**协同作用**，高质量的特征选择能够显著提高模型的表现，而模型的学习过程也可以反馈哪些特征较重要。因此，特征工程和模型训练应当是一个互相验证、协同优化的过程。

12.1.2 不同模型对特征工程的要求

不同类型的机器学习模型对特征的处理方式和要求各不相同。有些模型能够自动处理数据中的特征，而有些模型则需要更加细致的特征工程，这就意味着在选择模型时，特征工程的复杂度和重点也会有所不同。以下是几类常见模型对特征工程的需求。

（1）线性模型

线性模型（如线性回归、逻辑回归模型）假设输入特征与输出目标之间是线性关系。为了让线性模型在现实中表现良好，对特征的预处理非常关键。线性模型的核心要求包括：

① **线性可分性**：线性模型只能捕捉到特征与目标变量之间的线性关系。如

果数据的特征与目标之间存在非线性关系，模型的表现会大打折扣，因此，我们通常会通过引入**多项式特征**或**特征交互项**，以增强模型的表达能力。

② **特征标准化或归一化**：线性模型对不同尺度的特征非常敏感。如果某些特征的取值范围较大，它们可能会对模型产生不均衡影响，因此，在使用线性模型时，通常需要将特征缩放到相似的范围，常见的方式是归一化或标准化。

（2）树模型

树模型（如决策树、随机森林、梯度提升树等）是一类非参数模型，对特征工程的要求较低。这类模型的特点是：

① **无需特征缩放**：树模型在分裂节点时是基于特征的相对大小进行的，因此，对特征的尺度不敏感。换句话说，树模型不需要对特征进行归一化或标准化。

② **自动处理特征交互**：树模型能够在建树过程中自动处理特征之间的交互。因此，手动创建特征交互项并不是必要的。

③ **特征选择的重要性**：虽然树模型具备一定的自动特征选择能力，但如果数据中存在大量无用或冗余特征，仍然会增加模型的计算成本。因此，去除无关特征、减少数据维度有助于提升模型的训练速度和可解释性。

（3）神经网络

神经网络是一类高度非线性模型，能够通过其隐藏层自动学习复杂的特征表示。尽管神经网络在某些情况下可以减少特征工程的复杂性，但为了提高效率和加速训练过程，特征工程仍然非常重要。

① **特征标准化或归一化**：神经网络，特别是深度神经网络，对特征的尺度非常敏感。如果特征值范围过大，网络的训练会变得困难，因此，输入特征通常需要经过归一化或标准化，以确保不同特征在相似的尺度下训练。

② **自动特征提取**：神经网络的多层结构使其能够自动从原始数据中提取高级特征，尤其是卷积神经网络（CNN）在处理图像数据时可以自动学习图像中的特征。因此，神经网络在某些情况下可以减少人工设计特征的需求。

12.2 特征重要性评估与模型解释

特征工程的有效性在很大程度上取决于我们对特征重要性的理解和评估，通过评估特征的重要性，我们能够判断哪些特征对模型的预测贡献较大，哪些特征是无用的，甚至是噪声。同时，**模型解释**有助于理解模型是如何做出决策的，帮助我们确保模型的预测结果是可信且合理的，特别是在敏感领域（如医疗、金融等）中，模型解释尤为重要。

12.2.1 特征重要性评估方法

特征重要性评估是特征工程中的关键步骤，它帮助我们量化每个特征对模型预测的影响，从而做出合理的特征选择决策。

（1）基于模型的方法

一些机器学习模型，如**决策树**和**随机森林**，在训练过程中能够自动评估每个特征的重要性。它们通过计算每个特征在分裂节点时对目标变量的不确定性的减少程度，来量化其对模型性能的贡献。常见的衡量指标包括信息增益和基尼指数。

① **信息增益**：在决策树模型中，信息增益用于衡量一个特征对划分数据集的有效性，信息增益越大，说明该特征对分类或回归任务的贡献越大，即该特征在当前节点的分裂中越有效。随机森林作为多个决策树的集成模型，可以通过汇总每棵树中每个特征的重要性，给出全局的特征重要性评估。

② **基尼指数**：这是另一种衡量特征重要性的方法，尤其适用于分类任务。基尼指数反映了一个节点中样本类别的混杂程度，通过分裂节点时的基尼指数衡量特征的重要性。如果一个特征在训练过程中，多次被用于显著降低基尼指数，则其重要性较高。

例如，在随机森林模型中，通过计算某个特征在不同决策树中的分裂次数及其对分类或回归性能的贡献，可以得出该特征的综合重要性评分。

（2）基于回归系数的方法

对于**线性模型**（如线性回归、逻辑回归模型），特征的重要性可以通过回归系数的大小来衡量，在线性回归中，回归系数表示一个特征对预测目标的影响大小和方向。系数的绝对值越大，说明该特征对模型输出的影响越大；正系数表示该特征与目标变量正相关，负系数则表示负相关。

例如，在一个简单的房价预测模型中，假设特征包括房屋面积、房间数量等，若房屋面积的回归系数较大，说明房屋面积对房价有显著的正向影响。

（3）SHAP 值（shapley additive explanations，Shapley 加性解释法）

SHAP 值（Shapley 加性解释法）是一种基于博弈论 Shapley 值的模型可解释性方法，用于量化每个特征在单次预测中对模型输出的边际贡献。其核心思想源自博弈论中的 Shapley 值，该理论最初用于在合作博弈中公平分配参与者的收益。在模型解释中，SHAP 值将特征视为“玩家”，模型输出视为“收益”，通过遍历所有特征组合，计算某一特征在所有可能组合中的平均边际贡献，从而实现对预测结果的公平归因。

① **优点**：SHAP 值提供一致性、局部准确性和公平性的特征解释机制，适用于包括线性模型、决策树、神经网络等在内的多种模型架构。它既可以作为模型无关的解释工具，也有专门针对树模型的高效实现（如 TreeSHAP），可为每一条预测生成具体的特征贡献值，揭示模型的决策依据。

② **应用场景**：SHAP 值广泛应用于对模型单次预测结果进行细粒度解释的场景，特别是在需要模型透明性与可审计性的领域，如金融风控、医疗诊断、信贷审批、欺诈检测等。通过展示每个特征如何正向或负向影响模型预测，SHAP 值有助于用户、专家或监管者理解模型为什么会给出某一特定预测结果。

12.2.2 模型解释与可解释性

模型的可解释性指的是我们能够理解模型如何得出预测结果的能力。模型解释在机器学习中至关重要，尤其是当模型用于医疗、法律、金融等敏感领域时，解释其决策过程可以建立用户信任、发现潜在问题，并优化模型的性能。

（1）白盒模型

白盒模型是指那些能够直观理解其工作原理、易于解释的模型。例如：

① **线性回归模型**：其回归系数直接反映了每个特征对目标变量的线性影响，正如前文提到的，正系数表示正相关，负系数表示负相关。通过观察这些系数，我们可以轻松理解特征的作用。

② **决策树模型**：决策树通过一系列的特征分裂路径做出预测，这些路径可以清晰地展示出模型的决策过程，每次分裂都基于某个特征的值，从根节点到叶节点的路径就是模型根据输入数据做出预测的步骤。决策树的分裂逻辑易于可视化，因此，它是典型的白盒模型之一。

（2）黑盒模型

黑盒模型是那些尽管预测效果很强，但其决策过程难以解释的模型，这类模型包括**神经网络**和**集成模型**（如 XGBoost、随机森林）。由于它们内部的复杂结构，这些模型的决策过程通常难以被直观理解。

为了解决黑盒模型的可解释性问题，可以使用一些辅助工具来解释其预测过程：

① **LIME**（local interpretable model-agnostic explanations，局部可解释模型无关解释法）：LIME 是一种与模型无关的解释方法，它通过在局部数据附近训练一个易解释的模型（如线性模型），来近似黑盒模型的行为。这种方法能让我们理解某个特定预测的驱动特征，即在某个局部区域内，哪些特征对模型决策影响较大。

② **SHAP 值**：正如前文所述，SHAP 值也可以用于解释黑盒模型，它能够为每次预测生成每个特征的贡献值，从而使得复杂模型的决策过程更加透明和直观。

特征重要性评估与模型解释是机器学习中至关重要的步骤，通过**特征重要性评估**，我们可以识别出哪些特征对模型的预测结果有较大贡献，从而帮助我们优化特征选择，提升模型性能。而通过**模型解释**，我们可以理解模型的决策过程，特别是在需要信任和透明度的领域中，模型解释可以帮助用户理解和信任机器学习模型的预测结果。无论是白盒模型还是黑盒模型，使用合适的解释方法（如 LIME 或 SHAP 值）能够帮助我们提高模型的透明度，构建更加可信赖的系统。

12.3 不同模型的特征工程策略

不同类型的机器学习模型对特征工程有着不同的需求和要求，因此，在构建模型时，了解每种模型对特征的处理方式非常重要。特征工程的目标是确保输入数据尽可能符合模型的假设和要求，从而提高模型的性能。下面将介绍几类常见模型的特征工程策略。

12.3.1 线性模型

线性模型（如线性回归、逻辑回归模型）假设输入特征与输出目标变量之间存在**线性关系**，这意味着模型将通过特征的加权线性组合来进行预测。为了使线性模型能够良好工作，特征工程中需要考虑以下几个重要的方面：

① **特征标准化**：线性模型对特征的**尺度**非常敏感。如果数据中的特征取值范围差异较大，可能会导致模型难以收敛或在梯度下降优化过程中产生较大的偏差，因此，标准化或归一化是线性模型中必不可少的一步。常用的标准化方法包括 **Z-score 标准化**（使特征均值为 0，标准差为 1）和 **Min-Max 归一化**（将特征值缩放到［0, 1］范围）。

② **特征交互项**：线性模型只能处理简单的线性关系，在实际问题中，特征之间的**交互效应**往往非常重要，通过创建特征交互项，可以捕捉多个特征之间的联合影响。例如，房屋面积和房间数量的交互项可能对房价预测有重要作用，在特征工程中，通过引入这些交互项可以增强模型的表现。

③ **多项式特征**：由于线性模型只能处理线性关系，为了提高模型处理**非线性关系**的能力，可以通过引入**多项式特征**来捕捉更复杂的模式。比如，针对某个特征 X，可以引入 X^2、X^3 等多项式特征，这样模型能够拟合非线性数据。

12.3.2 非线性模型

非线性模型（如神经网络、支持向量机）能够处理复杂的、非线性的特征关系。因此，与线性模型相比，非线性模型能够自动学习特征的复杂交互和非线性关系。然而，即便如此，特征工程在非线性模型中依然非常重要，主要体现在以下几个方面：

① **归一化 / 标准化**：尽管非线性模型能够处理复杂关系，但它们对特征的尺度依然敏感，尤其是在**梯度下降**优化过程中。如果某些特征的取值范围非常大，可能导致模型的学习过程不稳定或收敛速度变慢，因此，对特征进行标准化或归一化是加快训练过程、提高模型稳定性的关键步骤。比如在神经网络中，输入数据的标准化能够确保各特征在相似的尺度上工作，从而避免数值较大的特征主导模型的学习。

② **降维技术**：当数据集包含大量特征时，非线性模型可能会面临**维度灾难**，即随着特征维度的增加，计算复杂度显著上升，模型可能变得难以训练。为了减少特征的维度，同时保留数据中的关键信息，可以使用降维技术，如主成分分析（PCA），PCA 能够将高维数据投影到较低维的子空间，从而减轻模型的计算负

担，并提高训练效率。

12.3.3 集成模型

集成模型（如随机森林、XGBoost、梯度提升树等）通过组合多个基学习器（如决策树）来进行预测，这些模型具有较强的鲁棒性和处理复杂特征的能力，因此，对特征工程的要求相对较低。然而，合理的特征工程依然可以显著提升集成模型的效率和性能。

集成模型的优点：

① **自动特征选择**：集成模型（尤其是基于树的模型）具有自动特征选择的能力，在训练过程中，模型会自动评估每个特征的重要性，并根据特征的重要性来做出决策。例如，随机森林通过评估每个特征在树结构中的分裂次数及其对预测准确性的贡献来衡量特征的重要性。因此，集成模型在一定程度上能够自动处理无关特征和噪声特征。

② **无需特征缩放**：集成模型，特别是基于树的模型（如随机森林、XGBoost），对特征的尺度不敏感，这意味着这些模型不需要特征标准化或归一化，因为决策树在构建过程中只关注特征的相对大小，而非其绝对值。因此，集成模型在处理不同量纲的特征时非常灵活。

③ **特征选择与去噪**：尽管集成模型能够自动处理部分特征，但去除无用特征或噪声仍然是必要的，对于高维数据，冗余特征会增加模型的复杂性和计算成本。因此，在特征工程中，合理的特征选择能够提高集成模型的训练速度，并降低模型的复杂度。

12.4 新兴模型与特征交互技术

随着机器学习技术的快速发展，越来越多的新兴模型和特征交互技术得到了应用，这些技术能够结合特征工程和模型选择，帮助模型更高效地处理复杂数据，提升预测性能。传统的机器学习方法往往需要手动进行模型选择和特征工程，而新兴的技术通过自动化和自适应的方式大大简化了这一过程，并提高了模型的效率和准确性。

12.4.1 基于混合专家模型的特征工程

混合专家模型（mixture of experts，MoE）是一种能够根据输入数据的不同特征，动态选择最合适的子模型进行预测的技术。与传统模型不同，混合专家模型并不是仅使用一个单一的模型，而是通过多个子模型（通常称为“专家”）共同工作，每个子模型针对不同的特征或数据类型进行优化，最终选择最佳子模型进行预测。这种模型不仅能灵活应对数据的复杂性，还能自适应地优化特定任务。

工作原理：混合专家模型通过一个**门控网络**来决定输入数据由哪个专家模型处理，门控网络根据输入的特征自动分配权重给不同的专家模型，以确定哪一个子模型最适合处理当前数据。然后，模型利用最佳子模型进行预测，或者通过多个子模型的加权组合得出最终结果。

混合专家模型特别适用于数据异质性较强的场景，例如在医疗数据分析中，不同病人的数据特征可能差异较大，使用单一模型可能无法充分捕捉复杂的特征交互关系。而混合专家模型可以通过不同的专家模型处理不同类型的病人数据，从而实现更精准的预测。

混合专家模型可以通过专家模型的协作，提高对复杂数据的预测能力。例如，在金融预测中，某些特征可能在牛市中更重要，而在熊市中则需要依赖于其他特征，混合专家模型能够灵活地根据市场状态选择不同的“专家”进行预测。

12.4.2 自适应模型选择与特征优化

（1）自适应模型选择

自适应模型选择是指根据数据的特性，动态选择最合适的模型进行训练和预测，不同数据集可能有不同的分布特征、维度或结构，因此，使用固定的模型并不总是最佳选择。自适应模型选择技术可以在训练过程中自动调整并选择最合适的模型，确保其能够与特定数据集的特性相匹配。

AutoML（自动机器学习）是自适应模型选择的典型应用，它通过自动化搜索最佳模型和特征组合，减少了手动调参的时间和降低了手动调参的复杂性。AutoML 系统会评估多个不同的机器学习模型（如线性回归模型、随机森林、神经网络等），并对每个模型的超参数和特征工程进行调整，寻找性能最优的方案。

AutoML 的工作流程：

① 模型选择：自动评估多个候选模型，选择性能最佳的模型。

② 超参数优化：调整模型的超参数，如学习率、正则化参数等，确保模型能达到最佳效果。

③ 特征选择与工程：根据模型和数据特点，自动进行特征选择或特征变换，以提升模型的表现。

（2）特征优化

在自适应模型选择过程中，特征优化也是一个关键步骤，系统可以根据不同的模型需求，对特征进行不同的处理。例如，在某些数据集中，特征标准化可能是必要的，而在其他数据集中，去噪或降维可能会提高模型的性能，通过自动化的特征优化，自适应技术能够动态调整特征工程的策略，使得模型能够更好地利用数据中的信息。

自适应模型选择和特征优化优势：

① 大大减少了模型调参和特征工程的工作量，特别适合处理具有不同类型数据、结构复杂的数据集。

② 提高了模型的泛化能力，因为模型的选择和特征优化是根据数据的特性自动进行的，能够适应不同场景中的变化。

在实践中，自适应模型选择已经被广泛应用于医疗、金融、图像识别等领域，能够有效提高建模效率和预测准确度。

第 13 章　自动化特征工程

在机器学习中，特征工程是影响模型性能的重要因素之一，它包括对原始数据的处理和转换，以提取出有意义的信息供模型使用。传统的特征工程依赖于经验和领域知识，需要大量的手动工作，随着自动化技术的发展，自动化特征工程逐渐成为提高模型效率和性能的重要工具。通过自动化特征工程，可以自动完成特征选择、特征构造等任务，不仅减轻了工作负担，还能提升模型的预测能力和泛化性能。

13.1 自动化特征选择

特征选择是指从原始数据中挑选出有代表性和较具信息量的特征，以帮助模型更准确地学习和预测。由于高维数据中很多特征可能是冗余或无用的，特征选择的任务就是去掉这些无效的特征，保留对模型有用的信息，传统的特征选择往往需要手工分析，而自动化特征选择可以通过算法来完成。

13.1.1 自动化特征选择工具

特征选择是机器学习中至关重要的一步，通过去除无用或冗余的特征，模型能够更高效地训练，并提高预测性能。传统的特征选择依赖于人工分析和试错法，而自动化特征选择工具能够自动筛选出对模型有用的特征，这类工具通过不同的方法来评估特征的重要性，减少了人力和时间成本。以下是几种常见的自动化特征选择工具和方法，每一种都有其独特的优势和应用场景。

（1）过滤法

过滤法通过对特征和目标变量之间的关系进行统计分析，来独立评估每个特征的重要性。这种方法快速、简单，尤其适用于大规模数据集，但其局限在于不会考虑特征之间的相互作用。常见的度量指标有：

① 皮尔逊相关系数：用于衡量数值型特征与目标变量之间的线性相关性，相关系数的值介于 -1 和 1 之间，绝对值越接近 1，说明特征和目标之间的线性关系越强。比如，在预测房价时，如果房屋面积与房价的皮尔逊相关系数为 0.9，说明房屋面积与房价呈强正相关，房屋面积是一个重要特征。

② 卡方检验：主要用于分类问题，评估分类特征与目标变量之间的独立性，

卡方检验通过比较特征值的期望分布与实际分布之间的差异，来判断某个特征是否与目标变量有显著关系。例如，在信用卡欺诈检测中，卡方检验可以用于判断用户的购买行为类别与欺诈风险之间是否有统计上的关联。

③ 互信息：衡量特征与目标变量之间的依赖性，能够捕捉非线性关系，互信息值越大，说明特征和目标变量之间的依赖性越强。互信息在捕捉复杂的非线性关系方面优于皮尔逊相关系数，适合处理非线性数据。

（2）包裹法

包裹法通过训练模型并对不同的特征子集进行验证，来选择最优的特征集。与过滤法不同，包裹法不仅考虑特征与目标变量的关系，还会考虑特征之间的相互作用，特别适用于特征间有复杂交互的场景，如基因组数据分析或金融数据建模。常用的包裹法包括递归特征消除（RFE）。

递归特征消除（RFE）：RFE 通过训练模型来评估每个特征的重要性，递归地移除对模型贡献最小的特征，直到保留最优特征集。例如，在预测房价时，RFE 会逐步删除影响较小的特征，如房屋楼层或房屋颜色，最终保留如房屋面积、房间数量等核心特征。

包裹法的优势在于能够同时评估特征与特征之间的交互、特征与模型的交互作用，生成更为精准的特征集，但其计算开销较大，尤其是在数据集较大时。

（3）嵌入法

嵌入法在模型训练过程中自动选择特征，适用于对特征选择有强需求的模型，如回归和分类任务。常见的嵌入法包括 Lasso 回归模型和决策树模型，它们在训练的同时评估特征的重要性，并对无用特征进行筛除。

① Lasso 回归模型：Lasso 回归模型是一种带有 L1 正则化的线性回归模型，它通过惩罚特征的系数大小，自动将一些不重要的特征系数缩小到 0，进而实现特征选择。例如，在预测房价时，Lasso 回归模型可能会将“装修风格”这一特征的系数缩减为 0，保留如房屋位置、房屋面积等对预测有显著影响的特征。Lasso 回归模型常用于需要处理大量特征的场景，如高维金融数据分析。

② 决策树模型：如**随机森林**和**梯度提升树**，在训练过程中会根据特征对目标变量的贡献来评估其重要性，决策树使用的度量指标包括信息增益和基尼指数。例如，随机森林可以自动根据各个特征的分裂效果评估特征的重要性，并保留对最终预测贡献较大的特征。决策树模型在金融风控、医疗诊断等领域中

得到了广泛应用，因为它能够自动处理数据中的复杂非线性关系，并选择有价值的特征。

13.1.2 自动化特征选择的优势

特征选择是构建高效机器学习模型的关键步骤。自动化特征选择工具通过算法自动执行这一过程，显著提高了特征选择的效率，并带来了诸多优势：

① 提高效率。自动化特征选择工具能够快速筛选出重要的特征，大大减少了手工分析的时间和精力，尤其在面对**高维数据集**时，自动化特征选择工具能够高效处理大量特征，避免人力投入过多。例如，在处理有数百甚至数千个特征的数据集时，自动化工具可以在几分钟内完成筛选，而手工筛选可能需要数小时甚至数天。

② 提升模型性能。自动化特征选择工具能够去除冗余或无用特征，使模型更加专注于有效特征，这不仅能提升模型的**预测准确性**，还能够减少模型的复杂性和计算成本。例如，通过自动化特征选择工具删除无关的特征后，模型可以专注于对结果有显著影响的特征，从而在更短的时间内获得更好的结果。

③ 减少过拟合。过多的无用特征可能导致模型在训练数据上表现良好，但在新数据上表现较差，出现**过拟合现象**，自动化特征选择工具通过去除这些无用的特征，减少模型的复杂度，从而提高模型的**泛化能力**，使模型能够在不同数据集上表现一致。在金融欺诈检测中，去除无用特征有助于模型更准确地识别出欺诈行为，而不会被无关因素干扰，从而减少过拟合风险，提高模型在实际数据中的表现。

13.2 自动化特征构造

特征构造是机器学习中的一个重要步骤，它通过对现有的原始数据进行组合、转换或创建交互项，生成新的特征，以帮助模型更好地学习数据中的模式，特征构造不仅能揭示隐藏在数据中的复杂关系，还可以大大提升模型的预测能力。传统的特征构造往往依赖领域专家的知识和经验，需要手动设计和调整，而**自动化特征构造**则自动生成新的特征，减少了人工工作量并提高了特征设计的效率。

13.2.1 自动化特征构造工具

自动化特征构造工具通过算法生成新的特征，帮助模型更好地捕捉数据中潜在的关系。这些工具能够自动进行特征交互、非线性变换等操作，生成更为复杂和有用的特征，特别适用于复杂数据集。下面是两种常用的自动化特征构造工具。

（1）FeatureTools

FeatureTools 是一个开源工具库，擅长生成复杂的特征。它使用一种叫作**深度特征合成**（deep feature synthesis，DFS）的方法，通过对数据（如时间序列数据、分类数据等）进行自动处理，构造出多个层次的复杂特征，FeatureTools 尤其擅长处理具有多个实体和关系的数据集。

DFS 通过聚合操作（如求和、求平均值等）来生成新的特征。例如，对于电商平台的订单数据，FeatureTools 可以自动生成客户的订单总金额、每月的平均购买次数等特征，从而帮助机器学习模型捕捉客户的长期消费模式。

应用场景：在一个电商数据集中，FeatureTools 可以通过分析客户的购买行为自动生成特征，如：

① 平均购买间隔：反映客户在过去购买商品的频率，能够帮助模型预测客户的购买习惯。

② 最后一次购买距离现在的时间：衡量客户的最近购买行为，帮助模型评估客户是否有再次购买的潜在可能性。

通过这些自动生成的特征，电商平台可以更好地预测客户行为并进行精准营销。

（2）AutoFeat

AutoFeat 是另一个流行的自动化特征构造工具，能够通过非线性转换和特征交互，自动生成复杂的多项式特征和交互项。对于线性模型，AutoFeat 尤为有用，因为它能够帮助模型捕捉到非线性关系，提升模型的表现。

在交通流量预测中，AutoFeat 能够基于原始特征（如车辆数量、道路宽度等）自动构造交互项，从而提升模型性能。例如，AutoFeat 可生成“车辆数量 × 道路宽度”这样的组合特征，用于表达道路承载能力与交通压力之间的非线性交互关系，从而更准确地刻画流量变化趋势。这类自动构建的交互特征有助于提升模型在复杂场景下的泛化能力与预测精度。

AutoFeat 可自动构造多项式形式的高阶特征，如特征之间的交互项（如 X_1X_2）和非线性项（如 X_1^2、X_2^3），从而增强模型对变量间复杂关系的建模能力。这些变换有助于捕捉数据中的非线性模式。在金融风险评估场景中，例如“收入”和“支出”这两个变量，通过构造其平方项或交互项，可以揭示潜在的消费行为模式与信用风险之间的隐含联系，从而提升模型的预测准确性与可解释性。

13.2.2 实践中的自动化特征构造

在实际应用中，自动化特征构造工具能够极大地提升模型的预测性能，尤其是在数据复杂、特征之间关系不直观的场景中，通过自动生成新特征，模型可以捕捉到更深层次的模式和规律，这些模式通常是手工特征工程难以发现的。

（1）金融风险评估

在金融领域，自动化特征构造工具被广泛用于风险评估和信用评分。通过分析客户的历史消费行为，工具可以自动生成新的复杂特征，以帮助模型更精确地评估客户的信用风险。

自动化特征构造工具可以生成诸如“平均信用卡使用率”“最近 6 个月的消费总额”等特征，这些特征能够反映客户的消费习惯和信用状况，通过这些特征，银行能够更准确地评估客户的还款能力和潜在风险，从而更好地制定信贷决策。

（2）医疗数据分析

在医疗领域，自动化特征构造工具能够从病人的健康数据中提取有意义的特征，帮助医生更好地诊断病情和制定治疗方案，由于医疗数据往往非常复杂且具有多个维度，自动化特征构造工具可以通过挖掘历史数据，生成与健康状况密切相关的新特征。

通过自动化工具，可以从病人的多次检查数据中生成诸如“最近一次检查与上次检查的间隔时间”“某一关键指标的历史均值”等特征，这些特征可以帮助医生识别病情的变化趋势，并更准确地做出诊断决策。例如，如果病人的血糖水平历史均值在过去 6 个月内逐渐上升，这一变化可以帮助医生及时发现潜在的糖尿病风险，并制订相应的治疗计划。

（3）电商推荐系统

在电商平台上，推荐系统需要处理大量用户数据和产品信息，自动化特征构造工具能够通过分析用户的浏览历史和购买行为，生成新的特征，帮助推荐系统更准确地预测用户的偏好，自动生成的特征可以包括“用户过去一个月的浏览量增长率”“某一类别产品的购买频率”等。这些特征能够帮助电商平台了解用户的购买习惯，从而为用户提供更加个性化的推荐。

13.3 自动化特征工程平台与实践案例

随着自动化特征工程技术的发展，越来越多的平台被开发出来，帮助数据科学家和工程师更加高效地完成特征选择和特征构造。这些平台不仅能够简化特征工程的工作流程，还能在整个机器学习过程中自动优化特征和模型组合，提升模型的表现。

13.3.1 现有自动化特征工程平台介绍

自动化特征工程平台能够帮助数据科学家自动化处理复杂的特征选择和特征构造任务。以下是几款常见的自动化特征工程平台，它们通过不同的策略为数据建模提供自动化支持。

（1）TPOT

TPOT（tree-based pipeline optimization tool，基于树的流水线优化工具）是一个基于遗传算法的自动化机器学习工具，它的核心特点是能够自动探索和优化机器学习的整个流水线，包括特征选择、特征构造、模型选择以及超参数调优。TPOT 通过遗传算法在特征处理和模型配置的搜索空间中寻找最优组合，TPOT 在探索多种特征工程和模型优化策略时非常强大，适用于需要大量特征试验和调优的任务，尤其是那些特征交互复杂的场景，如金融预测或客户行为分析。

工作原理：TPOT 使用遗传算法迭代生成和优化模型管道，它会自动生成多个候选模型管道，并评估其性能。通过遗传算法的交叉、变异和选择过程，TPOT 能够逐步优化特征选择、特征构造和模型超参数设置，寻找最优解决方案。

在一个客户流失预测任务中，TPOT 可以自动从多种特征生成策略中选择最佳方案。例如，它可自动生成客户的购买频率、浏览记录等特征，帮助提升模型的预测能力。此外，TPOT 还能针对不同的特征生成方案进行自动化的模型选择和优化。

（2）DataRobot

DataRobot 是一个商业化的自动化机器学习平台，专为大规模数据处理和建模任务而设计。DataRobot 不仅支持自动化特征选择和特征构造，还能帮助企业在处理复杂数据集时自动优化模型，它提供了丰富的特征生成和模型评估功能，使得用户能够快速构建高效的机器学习模型。

工作原理：DataRobot 通过自动化的特征生成和选择技术，从原始数据中提取较具代表性的特征，并对特征进行评估和排序，平台会根据不同的数据类型（如分类数据、时间序列数据等）自动生成相应的特征，并评估这些特征对模型性能的贡献。DataRobot 还内置了自动超参数调优、模型比较和性能评估等功能。

DataRobot 适用于大规模企业级数据建模任务。比如，在银行的信用风险分析中，DataRobot 可以自动从客户的信用历史、交易记录中提取重要的特征，如“每月信用卡使用率”“近三个月的信用卡还款情况”等，并帮助优化整个信用评分模型。

DataRobot 的优势在于其企业级的规模化应用，能够处理海量数据并自动生成高质量的特征，适合需要快速、批量处理复杂数据集的场景，它支持各类数据类型的自动特征构造和模型优化，能够显著缩短机器学习建模时间。

13.3.2 自动化特征工程的成功案例

自动化特征工程已经在多个行业中取得了显著的成功，通过自动化技术的应用，企业能够从数据中挖掘出更多有用的信息，从而显著提高模型的性能和业务价值。

（1）信用评分模型优化

一些大型银行在优化其客户信用评分模型的过程中，使用了自动化特征工程技术，特别是通过自动化特征选择和特征构造，从客户的历史数据中提取了许多新的特征。这些自动生成的特征帮助该银行更加准确地评估客户的信用风险。

在项目中，自动化工具从原始数据（如客户的消费模式、信用卡使用历史）中自动生成新特征，如“过去 6 个月的消费增长率”“信用卡逾期还款次数”等，这些特征能够反映客户的消费行为和信用健康状况。通过将这些新特征引入模型，显著提高了信用评分模型的预测准确性。

最终，模型的准确率和稳定性得到了大幅提升，使得银行在风险控制上能够更好地预测客户的违约风险，减少了不必要的信贷风险。

（2）疾病诊断预测

在医疗诊断中，自动化特征工程技术帮助医院从患者的历史检查数据中生成新的有用特征，极大地提高了疾病诊断的准确性，这种自动化特征构造方法尤其适用于复杂的医疗数据，帮助医疗专业人员更早地发现潜在的疾病。

在一个疾病诊断项目中，自动化特征工程工具从患者的历次体检数据中生成了“某项健康指标的逐月变化率”“一年内的体重变化”等特征，这些自动生成的特征为医生提供了重要参考，帮助他们及早识别患者的健康状况变化，从而做出更准确的疾病预测和治疗方案。

这些新的特征不仅提升了预测模型的准确率，还在某些情况下帮助医院提早发现一些疾病的早期信号，使得医生能够提前采取干预措施，有效改善患者的预后。

（3）电商平台的客户行为分析

在电商领域，自动化特征工程技术帮助平台自动分析用户的行为模式，并从中提取出关键特征，提升了推荐系统的效果。

通过使用 TPOT 或类似的自动化特征构造平台，电商平台可以自动从客户的购买历史、浏览记录、加入购物车行为等数据中生成新的特征。例如，“最近三个月的购买频率”“用户对某一类产品的偏好程度”等特征，这些特征能够帮助平台更好地预测用户的未来购买行为，并在个性化推荐中提高精准度。

13.4 新兴自动化特征工程技术

随着机器学习和深度学习的快速发展，自动化特征工程技术也在不断进步，结合了最新的生成模型和优化算法，这些新兴技术能够更加高效、智能地处理特征工程任务。在这一节中，我们将介绍两种新兴的自动化特征工程技术：基于

AutoML 的特征工程和生成对抗网络（GAN）在特征工程中的应用。

13.4.1 基于 AutoML 的特征工程

AutoML（自动机器学习）是近年来迅速发展的技术，旨在通过自动化流程替代手动选择和调优模型的过程，涵盖了从数据预处理、特征工程到模型选择和优化的多个步骤。AutoML 系统不仅能够帮助用户自动完成模型的选择和超参数调优，还可以执行复杂的特征选择和特征构造任务，这使得机器学习变得更加便捷高效，尤其对没有较多机器学习背景的用户而言，AutoML 是一种强大的工具。

AutoML 中的特征工程模块：AutoML 工具通常包含特征工程模块，可以自动生成新的特征，尤其是复杂的多项式特征。例如，在一个电商平台的推荐系统中，AutoML 能够分析用户的浏览历史，自动生成反映用户行为的特征，如“用户对某类商品的兴趣增长率”或“购物车中商品的购买概率”，这些自动生成的特征极大地提升了模型对用户偏好的捕捉能力。

时间序列特征处理：在处理时间序列数据时，AutoML 系统能够自动提取有用的时间模式特征，例如周期性特征（如日、周、月等周期的波动），帮助模型更好地理解数据中的时序变化，这对金融风险预测、天气预报、库存管理等领域尤为重要。例如，在金融数据中，AutoML 能够自动识别出市场趋势和波动模式，生成能反映市场未来走势的特征，从而提升金融预测模型的效果。

自动化特征组合：AutoML 还能自动组合现有特征，以生成新的高级特征。例如，在一个零售销售预测问题中，AutoML 可以自动生成销售额与时间、节假日、折扣等因素的组合特征，帮助模型更精确地预测未来销售情况，这种自动组合过程不仅提升了模型的性能，还减少了手工创建特征的工作量。

应用场景：

① 电商推荐系统：AutoML 可以通过分析用户的浏览历史、购买行为等自动生成一系列个性化的特征，帮助模型更好地捕捉用户的偏好，从而提高推荐系统的精准度。它可以生成如“用户对新产品的浏览频率”“用户过去一年的购买周期”等特征，优化推荐结果。

② 金融市场预测：在金融交易预测中，AutoML 能够自动生成反映市场动态的新特征，如市场波动趋势、历史交易量的变化模式。这些自动生成的特征有助于预测未来市场走势，提高模型的预测准确性。

13.4.2 生成对抗网络（GAN）在特征工程中的应用

生成对抗网络（GAN）是一种深度学习模型，由两个网络组成：生成器和判别器。生成器试图生成逼真的数据，而判别器则试图区分生成数据和真实数据。GAN 以其在图像生成中的应用闻名，但它的潜力远不止于此，在特征工程中，GAN 可以生成与原始数据分布相似的新样本和特征，尤其适用于小样本数据的场景。

GAN 中的生成器可以从现有数据中学习数据的分布，并生成与原始数据特征类似的新样本或新特征，这些新特征能够弥补原始数据的不足，提高模型对复杂关系的捕捉能力。例如，在金融交易预测中，GAN 可以生成反映市场波动的虚拟交易数据或特征，帮助模型更准确地预测未来的市场趋势。

通过 GAN 生成的新特征往往包含了原始数据中未直接体现的复杂模式，这些特征对于提高模型的泛化能力尤其有用，生成的新特征可以补充那些不足以全面描述数据复杂性的原始特征，从而为模型提供更多的有用信息。

处理小样本数据的挑战：在某些应用场景中，数据量有限，这使得训练机器学习模型变得困难，GAN 可以通过生成新的样本，来扩充数据集并增强模型的学习能力。例如，在医疗领域，某些疾病的病人样本数据较少，GAN 可以生成与真实病人数据分布相似的新数据，以帮助模型更好地学习和预测，这些生成的数据样本可以显著提高模型的表现，尤其在小样本学习中具有重要的应用价值。

应用场景：

① 金融交易预测：在金融市场中，交易数据的波动性非常大，GAN 可以生成反映不同市场状态的虚拟交易数据。例如，通过 GAN 生成与历史交易相似的虚拟数据，模型可以在训练时更好地捕捉市场的变化，从而提高对未来趋势的预测精度。

② 医疗诊断与生成新病人数据：在一些医疗领域，样本量非常有限，GAN 可以生成类似于真实病人记录的新数据，帮助模型在少量数据上进行更好的训练。例如，在癌症预测中，GAN 可以通过学习现有病人的特征，生成新的患者数据，从而增强模型对稀有病症的识别能力。

随着自动化特征工程技术的不断发展，一些自动化工具如 AutoML 和生成对抗网络（GAN）已经展现出了其在特征选择、特征构造中的强大能力。AutoML 通过自动生成多项式特征以及时间序列特征，帮助用户轻松完成特征工程，并且根据数据特点动态调整特征处理步骤；GAN 通过生成与真实数据类似的新特征或样本，尤其在小数据集场景下，显著改善了模型的表现。这些技术不仅大大减少了人工干预，还提升了机器学习模型的预测性能和泛化能力。

未来，随着这些新兴自动化技术的不断完善，自动化特征工程将继续推动机器学习和人工智能的进步，特别是在复杂数据处理和特征挖掘领域，它将成为提升模型性能的重要工具。